U0720959

国家出版基金项目
NATIONAL PUBLICATION FOUNDATION

国家生物安全出版工程

国家生物安全出版工程

—— 总主编 李生斌　沈百荣 ——

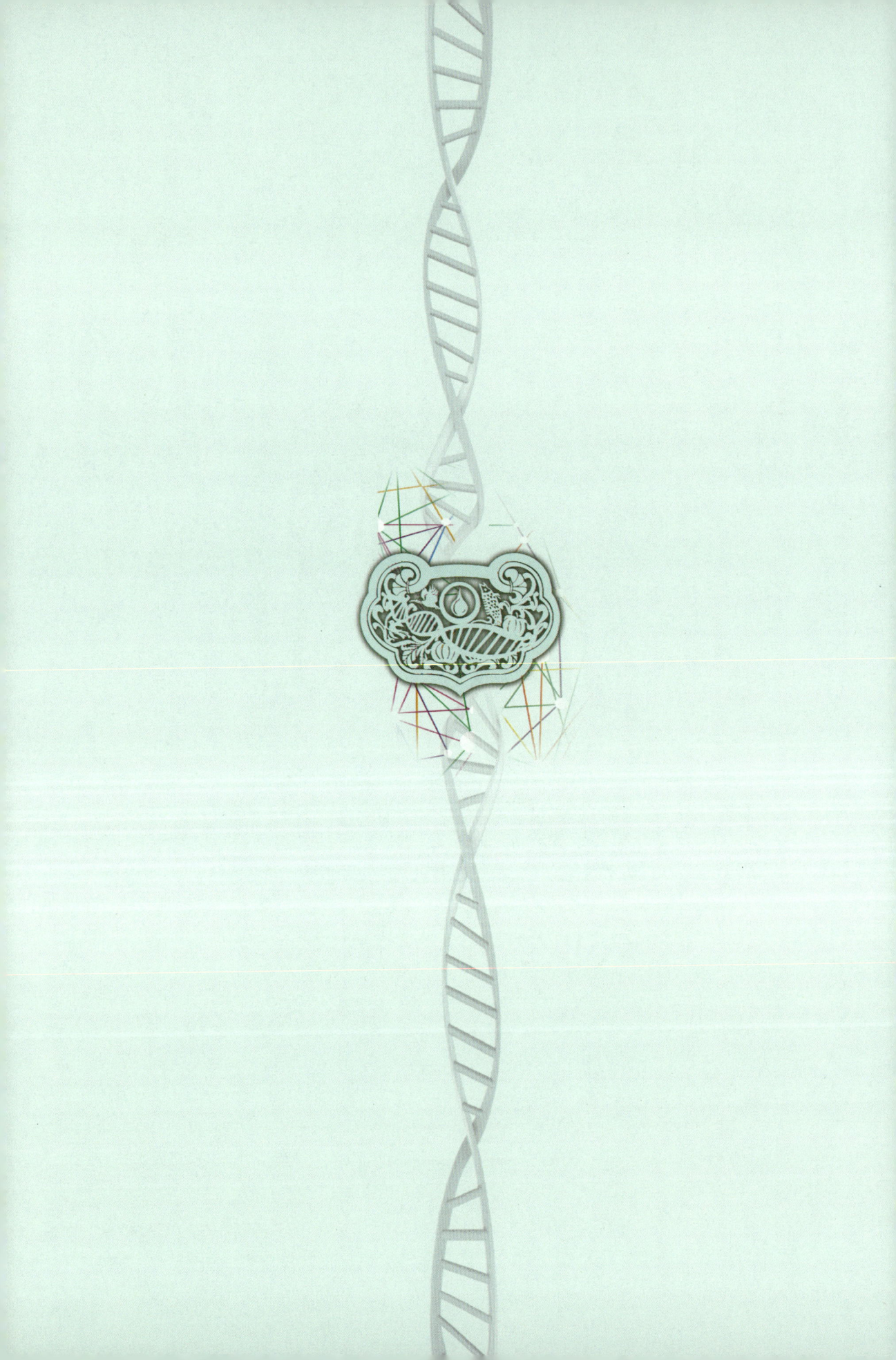

国家出版基金项目
NATIONAL PUBLICATION FOUNDATION

国家生物安全出版工程

——— 总主编 李生斌 沈百荣 ———

生物安全信息学

主　编 沈百荣
副主编 李师成 王　爽

西安交通大学出版社
XI'AN JIAOTONG UNIVERSITY PRESS

图书在版编目(CIP)数据

生物安全信息学／沈百荣主编. — 西安 :西安交
通大学出版社,2023.12
　国家生物安全出版工程
　ISBN 978-7-5693-3601-6

Ⅰ.①生…　Ⅱ.①沈…　Ⅲ.①生物工程—安全信息
Ⅳ.①Q81

中国国家版本馆 CIP 数据核字(2023)第 242136 号

SHENGWU ANQUAN XINXIXUE

书　　名	生物安全信息学	
主　　编	沈百荣	
责任编辑	赵文娟	
责任印制	张春荣　刘　攀	
责任校对	郭泉泉	

出版发行　西安交通大学出版社
　　　　　(西安市兴庆南路1号　邮政编码710048)
网　　址　http://www.xjtupress.com
电　　话　(029)82668357　82667874(市场营销中心)
　　　　　(029)82668315(总编办)
传　　真　(029)82668280
印　　刷　西安五星印刷有限公司

开　　本　787mm×1092mm　1/16　印张　15　字数　262千字
版次印次　2023 年 12 月第 1 版　　2023 年 12 月第 1 次印刷
书　　号　ISBN 978-7-5693-3601-6
定　　价　198.00 元

如发现印装质量问题,请与本社市场营销中心联系。
订购热线:(029)82665248　(029)82667874
投稿热线:(029)82668805

版权所有　侵权必究

国家出版基金项目
NATIONAL PUBLICATION FOUNDATION

国家生物安全出版工程
编撰委员会

顾 问
樊代明　王　辰　李昌钰　杨焕明
贺　林　刘　耀　丛　斌

主任委员
李生斌　杨焕明

副主任委员
沈百荣　胡　兰　杨万海　陈　腾　石　昕　葛百川
李卓凝　焦振华　袁正宏　张　磊　谢书阳

丛书总主编
李生斌　沈百荣

丛书总审
杨焕明　于　军　贺　林　丛　斌
张建中　闵建雄　刘　超

编委会委员

（以姓氏笔画为序）

王 健	王 爽	王文峰	王江峰	王泳钦
王海容	王嗣岑	王嘉寅	毛 瑛	邓建强
艾德生	石 昕	成 诚	成建定	吕社民
朱永生	刘 力	刘 超	刘兴武	刘夏丽
刘新社	许永玉	孙宏波	严江伟	杜 宏
杜立萍	杜宝吉	李 辰	李 重	李 桢
李 涛	李 晶	李小明	李帅成	李生斌
李成涛	李赛男	李慧斌	杨军乐	吴春生
邹志强	沈百荣	张 成	张 林	张 建
张 喆	张 磊	张良成	张建中	张洪波
张效礼	张湘丽兰	张德文	陆明莹	陈 龙
陈 峰	陈 晨	陈 腾	帕维尔·诺伊茨尔	
周 秦	郑 晨	郑海波	赵 东	赵文娟
赵海涛	胡丙杰	胡松年	钟德星	姜立新
贺浪冲	秦茂盛	袁 丽	夏育民	高树辉
郭佑民	黄 江	黄代新	常 辽	常洪龙
崔东红	阎春霞	曾晓锋	赖江华	廖林川
樊 娜	魏曙光			

参编单位

（以音序排列）

安徽大学	河北大学
安徽科技学院	河北医科大学
百码科技(深圳)有限公司	华大基因
北京大学	华壹健康技术有限公司
北京航空航天大学	华壹健康医学检验实验室有限公司
北京警察学院	华中科技大学
北京市公安局	济宁医学院
滨州医学院	暨南大学
长安先导集团	嘉兴南湖学院
重庆市公安局	江苏大学
重庆医科大学	精密微纳制造技术全国重点实验室
大连理工大学	空天微纳系统教育部重点实验室
复旦大学	昆明医科大学
广东省毒品实验技术中心	南京医科大学
广州市第八人民医院	南通大学
广州市公安局	宁波市公安局
广州医科大学	清华大学
贵州医科大学	山东第一医科大学
国家生物安全证据基地	山东农业大学
国家卫生健康委法医学重点实验室	山西医科大学
海南大学	陕西省司法鉴定学会
海南医学院	陕西省医学会
海南政法职业学院	陕西省医学会生物安全分会
杭州锘崴信息科技有限公司	上海交通大学

上海市公安局	云南大学
深圳大学	云南省公安厅
深圳华大基因科技有限公司	浙江大学
深圳市公安局	浙江警察学院
司法鉴定科学研究院	中国电子技术标准化研究院
四川大学	中国法医学会
四川大学华西医院	中国疾病预防控制中心
四川省公安厅	中国科学院
苏州大学	中国科学院大学
西安城市发展(集团)有限公司	中国人民公安大学
西安交通大学	中国人民解放军军事科学院
西安交通大学学报(医学版)第九届	中国人民解放军军事医学科学院
编辑委员会	中国人民解放军空军军医大学
西安人才集团	中国刑事警察学院
西安市第三医院	中国研究型医院学会
西安市公安局	中国医科大学
西安碳桢科技有限公司	中国医学科学院
西北工业大学	中国政法大学
香港城市大学	中华人民共和国公安部
新乡医学院	中华人民共和国最高人民法院
烟台大学	中华人民共和国最高人民检察院
烟台市公安局	中南大学
烟台市公共卫生临床中心	中山大学
烟台业达医院	珠海市人民医院
扬州大学	

国家出版基金项目
NATIONAL PUBLICATION FOUNDATION

《生物安全信息学》
编委会

主　编
沈百荣

副主编
李帅成　王　爽

编　委
（按姓氏笔画排序）

王　姣	四川大学（秘书）	沈百荣	四川大学
王　爽	四川大学华西医院	张　珂	四川大学
王海宁	杭州铬崴信息科技有限公司	陈亚兰	南通大学
石满红	安徽科技学院	陈如梵	杭州铬崴信息科技有限公司
先　红	四川大学华西医院	范雪萌	四川大学华西医院
刘行云	四川大学	郁春江	苏州工业园区服务外包职业学院
孙　琪	杭州铬崴信息科技有限公司	罗添丽	中国科学院大学
孙婉莹	中国科学院大学	唐　通	四川大学
李帅成	香港城市大学	韩洞明	中国科学院大学
吴蓉蓉	四川大学	詹超英	四川大学
沈　力	四川大学华西医院	窦佐超	杭州铬崴信息科技有限公司
沈　可	四川大学华西医院		

国家生物安全出版工程

丛书总策划

刘夏丽

丛书总编辑

刘夏丽　李　晶　赵文娟

丛书编辑

刘夏丽　李　晶　赵文娟

秦金霞　张沛烨　郭泉泉

肖　眉　张永利　张家源

序 一
FOREWORD

　　生物安全关注并解决全球、国家和地方规模的相关难题。这种跨学科的生物安全政策和科学方法,建立在人类、动物、植物和环境健康之间相互联系之上,以有效预防和减轻生物安全风险影响;同时提供一个综合视角和科学框架,来解决许多超越健康、农业和环境传统界限的生物安全风险。

　　面对全球生物安全风险的不断演变,我国政府高度重视生物安全体系建设,将生物安全纳入国家安全战略,积极推进多学科交叉整合和相关法律法规的制定与完善。生物安全内容涵盖了人类学、动物学、微生物学、植物学、基因组学、信息学、法医学、刑事科学、环境科学、人工智能、微纳传感、生物计算以及社会学、经济学等学科领域,主要用于调查和解决与生物安全风险相关活动、生物技术、药物滥用,以及生物威胁等问题,在确保全球公共卫生和安全方面发挥着至关重要的作用。因此,由国家出版基金资助,国家卫生健康委员会法医学重点实验室和国家生物安全证据基地牵头,联合西安交通大学、四川大学、中国科学院等90余所知名大学、科研机构的200余位专家共同编写了"国家生物安全出版工程"丛书。丛书共分 10 卷，包括《生物安全证据技术》《生物安全信息学》《生物安全多元数据与智能预警》《动物、植物与生物安全》《人类遗传资源保护与应用》《生物入侵与生态安全》《生物安全相关死亡的处理与应对》《生物安全威胁防控实践与进展》《实验室生物安全及规范管理》《法医微生物与生物安全》。

丛书统筹考虑国家生物安全涉及的各个要素间的关系，以生物安全证据为核心，探索生物安全智能分析、控制与预警应用，涉及相关技术、工具、算法等领域，包括生物溯源、生物分子分型、生物安全证据技术、生物威胁、死亡机制、遗传资源等方面。本项目首次较为系统地对生物安全证据方法、技术、标准以及教育科研等方面的研究进行了梳理，跟踪国内外生物安全证据与鉴定技术、科研、实验、标准的最新动向，为国家生物安全证据相关管理政策、技术标准的制定和立法评估等提供了技术支撑，也将成为在生物安全证据、司法鉴定、法医微生物等领域的新指南；有助于解决生物安全领域的争议或者纠纷事件，提供生物证据和预警依据，提升国家生物安全的防控能力，筑牢国家生物安全的防火墙。同时，书中关于建立微生物基因组分型的方法和技术，也将为确保全球公共卫生和生物安全方面发挥至关重要的作用。

丛书的编撰和出版，对于加快国家生物安全技术创新、保障生物科技健康发展、提升国家生物防御能力、防范生物安全事件、掌握未来生物技术、竞争制高点和有效维护国家安全具有重大意义。丛书审视当前国家生物安全的新特点，汇集整理了当今相关领域重要的研究数据，为后续研究提供了权威、可靠、较为全面的数据，为国家生物安全战略布局和进一步研究提供了重要参考。

在丛书编撰过程中，编写人员充分发挥了自己的专业优势，紧密结合国内外生物安全的最新动态，借鉴国际生物安全治理的经验，探讨了我国生物安全面临的风险与挑战，提出了切实可行的政策建议和管理措施。丛书不仅反映了我国生物安全领域的最新研究成果，也凝聚了所有编写人员的心血和智慧。

"国家生物安全出版工程"丛书的出版，不仅对提高全社会的生物安全意识、加强生物安全风险管理、促进生物技术健康发展具有重要意义，而且对推动我国生物安全领域的学术交流和人才培养、提升国家生物安全科技创新能力也将发挥积极作用。

我们期待这套丛书的出版能够为政府部门、科研机构、教育机构、法律司法机关以及广大读者提供一部了解生物安全、关注生物安全、参与生物安全的权威读本,为推动我国生物安全事业的发展、构建人类命运共同体贡献一份力量。

　　是为序。

2023 年 12 月 30 日

樊代明,中国工程院院士,美国医学科学院外籍院士,法国医学科学院外籍院士。

序 二
FOREWORD
国家生物安全出版工程

　　生物安全是当今世界面临的重大挑战之一。它是健康－农业－环境的系统协同和演变的基础。应对生物安全的挑战,涉及人类、动物、植物、微生物、生态、科学、社会、立法、治理和专门人才等多个层面。为了应对这一挑战,我们亟须深入研究和了解生物安全及其相互作用因素之间的关联性、独立性、复杂性,并推动科学、技术和社会的协同发展,共同治理未来全球范围面临的生物安全风险。

　　"国家生物安全出版工程"丛书是一套包含10卷书的权威著作,涉及《中华人民共和国生物安全法》核心以及相关学术界的最新理论研究,旨在为读者提供全面的生物安全知识和研究成果。丛书涵盖了生物安全领域的多个层次,从遗传和细胞层面到社会和生态层面,从科学技术交叉融合到社会发展需要,凝聚了众多专家、学者的智慧贡献,致力于创新研究、跨学科和跨国合作及知识的交流和传播。

在新突发感染性疾病以及未知疾病等生物安全背景下,分子遗传和细胞层面的研究对于我们理解病原体的特性、传播途径和防控策略至关重要。"国家生物安全出版工程"丛书中的《生物安全证据技术研究》《生物安全信息学》和《生物安全多元数据与智能预警》分卷为读者提供了数据、信息和智能等最新技术在生物安全应对中的应用,帮助我们更好地预测、识别和应对生物安全威胁。在社会层面,生物安全问题不仅仅是对科学技术的挑战,更关系到社会发展,《动物、植物与生物安全》《人类遗传资源保护与应用》《生物入侵与生态安全》分卷探讨了生物安全与社会经济发展、生态平衡和人类福祉的关系,为我们建立可持续发展的生物安全框架提供理论指导和实践经验。《实验室生物安全及规范管理》《生物安全相关死亡的处理与应对》《生物安全威胁防控实践与进展》《法医微生物与生物安全》分卷则从具体的应用实践角度讨论生物安全在不同领域和社会生活中的具体问题及其应对措施。

科学技术交叉融合是推动生物安全领域创新的重要动力。"国家生物安全出版工程"丛书的编撰涉及生物学、信息学、医学、法学等多个学科的交叉,旨在促进不同领域之间的合作与交流,推动科学技术在生物安全领域的应用与发展。生物安全问题既是挑战,也是机遇。解决生物安全问题需要培养专业人才,提升国家的科技创新能力,推动新质生产力形成生物安全国家战略科技力量。

"国家生物安全出版工程"丛书为生物安全相关领域的人才培养提供了重要的参考和教材蓝本,可帮助读者了解生物安全领域的前沿知识和技能,培养创新思维和综合能力,为国家的生物安全事业贡献人才和智慧。在国家层面,生物安全已经成为国家战略的重要组成部分。保障国家安全和人民生命健康是国家的首要任务,而生物安全作为其中的重要方面,需要得到高度重视和有效管理。"国家生物安全出版工程"丛书将为政策制定者和决策者提供科学依据和政策建议,推动国家生物安全能力的提升和规范化建设。

生物安全学科作为新时代的重要学科方向,发展迅猛、日新月异。本套丛书是国内这一领域的一次开创性努力。由于我们在这一新领域的知识和视野有限,编写方面的疏漏和不当之处在所难免,恳请广大读者提出宝贵意见和建议,以期将来再版时修正。期待"国家生物安全出版工程"丛书的问世能促进生物安全知识的传播与交流,激发科技创新和社会发展的活力,推动国家生物安全事业迈上新的台阶。希望读者能够从中受到启发和获益,为构建安全、可持续的生物安全环境而共同努力!

2023 年 12 月

李生斌,国家卫生健康委法医学重点实验室主任,国家生物安全证据基地主任,欧洲科学与艺术学院院士。

沈百荣,四川大学华西医院疾病系统遗传研究院院长。

　　近年来，生物安全成为备受关注的议题，因为全球范围内的传染病暴发、生物武器潜在威胁以及生态系统的破坏性入侵等问题引发了人们对生物安全的关注。同时，信息技术的迅猛发展也为生物安全领域带来了新的机遇和挑战。

　　在这个背景下，《生物安全信息学》这本书的出版具有重要意义。它将生物安全与信息学的交叉融合，探索如何利用信息技术、数据分析和系统思维来应对生物安全领域的问题。这本书覆盖了生物安全所涉及的各个方面，从生物数据的共享和安全管理，到生物安全数据分析的算法和工具，再到感染性疾病预警、生物入侵和生态系统安全的信息学应用。

　　在现代社会，大规模的生物数据收集和共享已成为常态，这为研究人员和决策者提供了宝贵的资源和洞察力。然而，这同时伴随着数据隐私和安全方面的挑战。《生物安全信息学》强调了生物数据库和知识库的安全管理，以确保生物信息的合法使用和隐私保护。此外，随着人工智能、机器学习和大数据分析的快速发展，我们能够更好地理解生物安全的影响因素、预测未来趋势，并制订相应的应对策略。《生物安全信息学》介绍了生物安全数据分析中常用的算法、工具和软件，帮助读者掌握这些技术，以提高生物安全研究的效率和准确性。生物安全问题不仅仅限于传统的传染病和生物武器威胁，还涉及生态系统的稳定性和生物多样性的保护。《生物安全信息学》探讨了生物入侵和生态系统安全分析的信息学方法，以评估和应对这些威胁。随着智能社会的发展，生物安全也面临新的挑战和机遇。《生物安全信息学》讨论了生物医学数据与身份识别、智能化生物安全系统等领域的关系，探索信息技术在构建智能化生物安全系统中的应用潜力。

综上所述，以沈百荣教授为主编，李帅成和王爽教授为副主编的《生物安全信息学》这本书在现时代的背景下具有重要意义，为读者提供了研究生物安全问题和解决方案所需的知识和工具。它将生物安全与信息学相结合，为我们应对当今世界面临的生物安全挑战提供了新的视角和方法。

2023 年 12 月

沈昌祥，中国工程院院士。

前 言
PREFACE

生物安全问题有两个方面：一方面是生物技术研发和应用过程给人体健康、生态环境和社会带来的潜在风险问题，生物安全影响包括人类健康、生态环境和社会三个层次，相应的预防机制包括在实验室环境中定期审查生物安全、制定严格准则用于防止有害事件发生等；另一方面是有害生物（如病毒、细菌等）传入或传播到动植物，减少传染病传播风险所采取的措施，风险包括对人类的生物威胁、来自大流行性疾病和生物恐怖主义的威胁等。在农业方面，这些措施旨在保护粮食作物和牲畜免受有害生物、入侵物种和其他不利于人类福祉的生物的侵害等。近年来，国际上发生的多起突发公共卫生事件也促进了世界各国对生物安全问题的重视，我国于2020年10月17日的十三届全国人大常委会第22次会议上，表决通过了《中华人民共和国生物安全法》，并确定了该法律自2021年4月15日起执行。2022年5月，加速生物安全保障体系的建设被列入《"十四五"生物经济发展规划》。

目前，世界正处在信息科技包括人工智能驱动的数字经济时代,信息科技和人工智能同样对生物安全的系统防控和管理起到至关重要的作用,大量的生物安全相关的信息学问题不断被提出,如生物实验室安全的信息化管理流程,有害微生物的参考数据库、信息化档案和溯源方法的建立,微生物的毒力和耐药的判定,跨种群传染、预警和分级的信息学模型,传染病预警的信息学和动力学模拟,传染病传染的地理健康信息学,生物行为与生态安全信息学建模与预测,微生物演化模型与人类健康,抗感染药物的分子设计与分子模拟,抗传染疫苗设计与免疫信息学,生物群种与生态系统安全模型,群体和个体生物数据的隐私和安全保护,生物安全数据库构建与可信计算环境问题,生物医学数据传播和泄露的信息监测等。这些生物安全相关的信息学问题亟须我们去创新、探索和解决,为此我们提出了生物安全信息学的概念,期待构建生物安全信息学学科的框架体系、促进生物安全研究与信息学技术的交叉融合。

生物安全信息学是一门新的交叉学科,是利用信息学手段促进和辅助生物安全问题的有效实现,包括生物安全相关的数据、模型和应用。生物安全信息学的目的在于建立生物安全在个体、群体和生态等不同层次上的数据采集、存储、规范、安全共享和分析应用等,建立系列的生物安全数据本体和标准、数据库和安全共享平台,从而促进信息学模型和智能平台的构建,并在生物安全各个领域应用和推广,例如建立重大传染病、感染源等相关的数据库、知识库,建立生物多样性评估和微生物耐药模型,建立生物技术、实验室技术规范的信息化管理平台,建立遗传资源信息安全监控平台等。

本书内容包括生物安全信息学理论和生物安全信息学应用两个部分,前者包括生物安全相关的数据标准、共享安全、算法模型和工具软件等,后者包括生物安全信息学在疾病预警和控制、隐私保护、生态安全和智能社会等方面的具体应用。

本书是香港城市大学李帅成教授课题组、四川大学华西医院王爽教授课题组和沈百荣教授课题组的师生们共同努力的结果,该书的思想和起源与西安交通大学的李生斌教授密不可分,是他多年的教学研究经验和敏锐的远见促使了这本书的形成。借此机会,我想对李生斌教授以及对本书付出艰辛劳动的各位老师表示衷心的感谢。

由于生物安全信息学是一门新兴交叉学科,其内容也会随着生物安全的新需求和信息学的新技术而不断演化发展,我们期待这本著作能对未来的生物安全信息学学科的发展起到促进作用。书中不足之处在所难免,恳请广大同行的反馈和指正,以便再版时能够进一步提高,以适应生物安全信息学新的形势和学科发展需求。

2023 年 10 月

目 录

CONTENTS

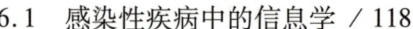

PART **1**
The Theoretical Foundation
of Biosafety Informatics

第一部分
生物安全信息学理论

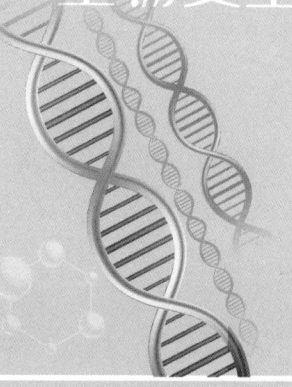

第 1 章
生物安全信息学学科内涵

本章主要介绍生物安全信息学学科产生的时代背景;介绍生物安全信息学的学科与其他学科(如生物医学、法医学和人工智能等学科)的交叉,介绍生物安全信息学的内涵和发展方向。

1.1 生物安全信息学学科产生的背景

1.1.1 背景

1985 年,联合国环境规划署(United Nations Environment Programme,UNEP)、世界卫生组织(World Health Organization,WHO)、联合国工业发展组织(United Nations Industrial Development Organization,UNIDO)和联合国粮食及农业组织(Food and Agriculture Organization of the United Nations,FAO)发起组成了一支非正式的生物技术安全相关的特设工作小组。生物安全(biosafety)这一概念自此开始广泛引起世界各国的注意。

生物安全是指国家有效防范和应对危险生物因子及相关因素威胁,生物技术能够稳定健康发展,人民生命健康和生态系统相对处于没有危险和不受威胁的状态,生物领域具备维护国家安全和持续发展的能力。

上述两种定义基本概括了当前人类所面临的主要的 9 类生物安全问题,如图 1.1 所示。

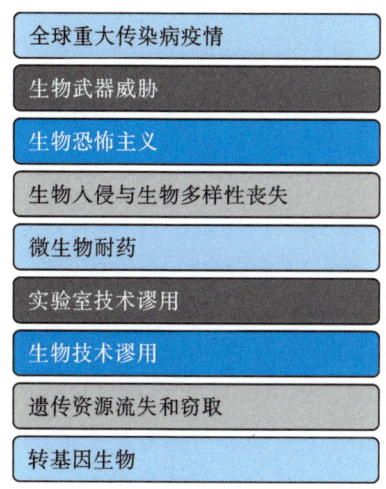

全球重大传染病疫情

生物武器威胁

生物恐怖主义

生物入侵与生物多样性丧失

微生物耐药

实验室技术谬用

生物技术谬用

遗传资源流失和窃取

转基因生物

图 1.1   当前面临的 9 大生物安全问题

在经济全球化、气候变化、科技革命加速等时代背景下,生物风险来源错综复杂。同时,新兴生命科学技术的开发以及新物种的发现也会给我们带来安全风险。因此,加强对未来生物安全形态研判、提升国家生物安全治理能力,以及全面践行总体国家安全观,已经发展为战略选择。本章节将以生物安全的概念以及当前形势为主体,结合信息学相关的理论和技术,提出生物安全信息学的概念,并探讨生物安全信息学的必要性及其未来的发展,为我国生物安全战略部署提供参考。

1.1.2   生物安全当前形势

1.1.2.1   人畜共患病原体造成的严重危害

迄今为止,已有 250 多种人畜共患病被发现和报道。人畜共患病原体(zoonotic pathogen)包括病毒、细菌、衣原体、真菌和寄生虫等,可导致如结核、鼠疫、血吸虫病等感染性疾病,给人类健康、生态环境和社会经济发展造成重大损失。从 20 世纪 70 年代以来,有超过 30 种新型病原体被发现,如 2003 年导致严重急性呼吸综合征(severe acute respiratory syndrome,SARS)的 SARS 病毒、2009 年席卷 20 多个国家和地区的甲

型 H1N1 病毒等均在全世界范围内大流行,危害巨大。

2019 年末,我国武汉华南海鲜市场发现不明原因的肺炎患者,后被证实是由一种新型冠状病毒(SARS – CoV – 2)感染引起的急性呼吸窘迫综合征。在之后不到一个月的时间内,病毒通过人 – 人接触传播途径进而大范围在我国传播。随着国家卫生健康委员会的强制管控,疫情在我国得到良好的控制。除此之外,最近 10 年爆发的如中东呼吸综合征及埃博拉、寨卡等病毒引起的感染,均在局部乃至世界范围内大规模传播,态势日趋严重。

1.1.2.2 生物恐怖事件带来的安全警告

生物恐怖事件(biological terrorism emergency)是指故意传播病原体或生物制剂,以伤害人类、动植物等生命体为目标,试图影响政府工作或恐吓、伤害民众的行为。从 1960 年至 2000 年,全球发生了 120 余起生物恐怖事件,其中近 70 起是直接针对人类的预谋行为。理论上,任何致病微生物都可能被用于恐怖袭击,而生物技术的发展增加了恐怖势力利用生物手段造成重大危害的可能性。2001 年的炭疽粉末邮件事件后,发达国家开始将生物防御纳入国家安全战略,并投入大量资金进行反生物恐怖主义的准备工作。2002 年,美国总统布什签署了《2002 年公共卫生安全和生物恐怖防范应对法》,该法案提高了美国预防与反生物恐怖主义以及应对其他公共卫生紧急事件的能力。除美国外,许多其他国家也建立了国家生物危害防御体系,并将生物防御纳入国防建设规划。

1.1.2.3 外来物种入侵的困扰

外来物种入侵(species invasion)是一个复杂且多样化的过程,目前尚未有明确的统一标准来定义。它通常指的是外来物种在自然或半自然的生态系统中形成种群,并对本地物种产生影响,进而威胁到本地生态多样性平衡。入侵方式多样,包括交通运输、旅游、农业生产以及生态环境改造等。世界自然保护联盟(International Union for Conservation of Nature and Natural Resources,IUCN)的调查报告显示,外来入侵物种每年给全球造成的直接经济损失超过 4000 亿美元。这些入侵不仅对人类和动物的健康构成威胁,也对经济造成巨大损失,已成为全球面临的一个严重环境问题。报告进一步指出,美国、印度和南非每年因外来物种入侵造成的经济损失分别为 1380 亿、1200 亿和 980 亿美元。我国也面临外来物种入侵的问题,全球百种最具威胁外来物种中,我国已发现 50 多种,每年带来的直接损失达 170 亿美元。因此,需要加强对外来物种入侵的防范和管理,制定科学合理的措施,降低其带来的危害和损失,以保护环境和维护生态多样性平衡。

1.1.3　生物安全信息学产生的必然条件

目前,与生物安全交叉的领域繁多,包括了信息学、医学、法医学、生物学、化学等。多领域的耦合导致了海量且结构不一的数据产生,如何存储、整合和深度解读这些数据成了生物安全领域亟须解决的问题。换言之,当前生物安全相关领域需要构建一套完整的、多层面的且能充分利用当前最新信息技术的知识框架。生物安全信息学(biosafety informatics)这一概念也应运而生,即以信息学理论为基础,以数据库为载体,利用数学、统计和计算机的知识建立系统模型,以服务器为工具平台对生物安全的大量数据进行存储、挖掘、整合和分析,并结合生物安全的先验知识对结果进行解释。

生物安全信息学的产生存在诸多必然条件,具体如下。

(1)信息技术的飞速发展。近年来,随着计算机技术的不断推陈出新,现代社会逐渐步入"云端时代"。各个专业领域的算法革新和应用呈现百花齐放的盛况。处在新时代的生物安全领域也不可避免地会受到新技术的冲击。在"互联网＋"的大背景下,前沿的技术算法为生物安全的监管提供了有力的支持。比如2020年新型冠状病毒感染疫情期间,世界各地搭建的地区特异的疫情监管系统,为疫情防控、病原追溯做出了巨大贡献。

(2)生物安全领域的发展瓶颈。传统的生物安全领域遗留了大量仍未解决的问题。其中一些问题在没有新兴技术的辅助下很难突破瓶颈。如生物安全预警与保障能力不足、生物安全法律法规体系不完善、公众生物安全意识薄弱等。

(3)政府的推动与支持。2020年2月14日,中共中央总书记、国家主席、中央军委主席、中央全面深化改革委员会主任习近平主持召开中央全面深化改革委员会第十二次会议并发表重要讲话。他强调,"要从保护人民健康、保障国家安全、维护国家长治久安的高度,把生物安全纳入国家安全体系,系统规划国家生物安全风险防控和治理体系建设,全面提高国家生物安全治理能力。"

各地方政府积极响应,做好生物安全知识科普工作,培养和提高老百姓相关意识,并陆续推出进一步加强重点实验室生物安全管理的通知。

1.2　生物安全信息学的学科交叉与学科内涵

1.2.1　概述

生物安全信息学是研究生物安全问题中信息获取、处理、传递和利用的新兴学科，它以现代生物技术开发和应用中涉及的一系列信息为研究对象，以计算机和信息科学为研究工具，来分析、预防和控制生物安全风险。

生物安全风险与国家公共卫生安全紧密相关，如果出现生物安全问题，人民健康、经济稳定甚至社会安定都将受到严重影响。从 2019 年我国生物安全法草案首次提请十三届全国人大常委会第十四次会议审议，到 2020 年 10 月 17 日，《中华人民共和国生物安全法》由中华人民共和国第十三届全国人民代表大会常务委员会第二十二次会议通过，并自 2021 年 4 月 15 日起施行，生物安全已成为我国国家安全的重要组成部分。

作为生物安全风险防控和治理的重要方向，生物安全信息学的学科建设和发展对国家核心利益的保护提供重要的支撑，生物安全信息学人才也将成为行业内紧缺的人才类型之一。生物安全信息学是一门多学科、多领域交叉的学科，不仅交叉融合了生物安全和信息学，还必须依靠医学、生物信息学、化学和环境学等多学科知识理论支撑（图 1.2），因此生物安全信息学人才必须具备多学科知识背景，拥有多学科、跨学科技术本领。

本节将从医学和人工智能领域展开介绍生物安全信息学与多学科交叉的重要性及其积极意义，并阐明生物安全信息学的学科内涵。

1.2.2　生物安全信息学与医学的交叉融合

医学是指与保持健康和预防、减轻或治疗疾病有关的实践科学，狭义的医学只是疾病的治疗，广义的医学定义不仅包括对疾病的诊断、治疗和预防，还涉及人的生理、心理、社会等多个方面。它是一门以人类健康为目标的综合性学科，旨在提高人们的健康水平，减少疾病的发生，改善病人的治疗和康复过程。医学的研究领域非常广泛，涵盖了与人类健康相关的各个方面，主要有基础医学、临床医学、法医学、保健医学和康复医学等,此外还包括预防医学以及健康管理等涉及人类健康各个方面的研究和实践。

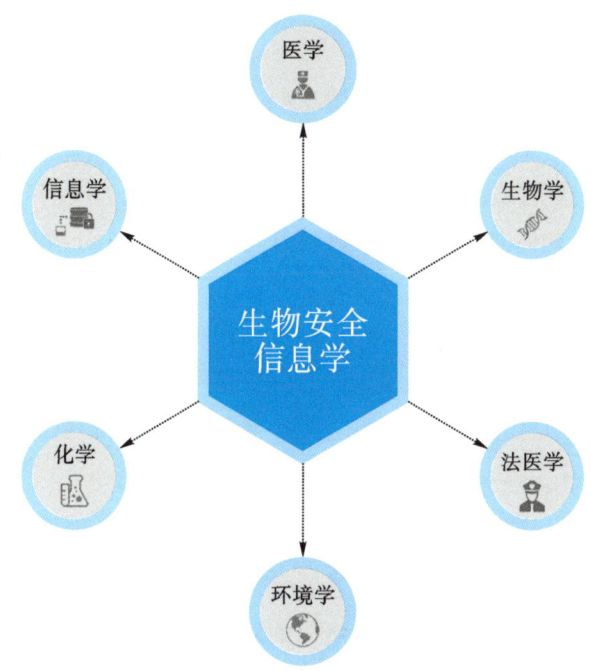

图 1.2　生物安全信息学与其他学科的交叉示意图

临床医学和健康管理通过不断完善、实践和验证基础医学的理论来治疗疾病与促进健康,然而,近年来,由于部分人员对生物安全风险和防范认识不足,以及相关数据管理的不规范,引发了一系列生物安全问题,从炭疽粉末邮件事件到 2019 年的新型冠状病毒感染传播,使医学研究中的生物安全问题引起了全球的空前关注。同时,医疗过程中产生的海量数据,由于其非结构性和缺乏统一管理标准的特点,医疗大数据的潜在价值无法被完全利用,使得传统医疗向智慧医疗的转型面临巨大挑战。

生物安全信息学与医学交叉融合,以生物安全信息学方法建立医学数据管理标准和结构化医学知识库,结合生物安全信息学技术分析、预警和控制医学工作中的生物安全问题,是解决生物安全问题和推动医疗转型的关键。

1.2.2.1　生物安全信息学与法医学的交叉融合

法医学是医学科学的重要分支之一,利用临床医学、生物信息学和其他科学理论方法研究解决法律实践中的医学问题,涵盖了法医临床学、法医物证学、法医病理学、

法医毒理学、法医毒物分析、法医精神学和法医血液遗传学等多个学科。在众多法医学检验手段中，DNA 检验技术发挥着重要作用，DNA 数据库已经成为法医学检验有效的手段之一，通过将 DNA 检验技术、计算机技术和网络传输技术相结合，DNA 数据库实现了跨地区协助和查询的目标。

近年来，随着高通量测序技术的快速发展，越来越多的生物信息学分析手段与法医学应用结合，如法医学遗传标记开发、DNA 甲基化、转录组分析以及非人源物证分析等方面的应用。这些技术极大地扩展了法医物证分析能力的同时，也产生了大量具有潜在价值的数据，如何准确处理并且科学合理地解释上述分析所产生的数据，是目前法医学所面临的一大挑战[1]。

生物安全信息学与法医学交叉融合，通过结构化法医学各领域的研究数据，系统地建立标准化法医数据库，为法医学数据的分析、解释和利用打下坚实基础，这不仅能推动生物安全信息学全面发展，更能给法医学带来新的突破和机遇。

1.2.2.2　生物安全信息学与流行病学的交叉融合

流行病学作为预防医学的基础，是研究特定人群中疾病、健康状况的分布及其决定因素的科学，也是研究防治疾病及促进健康的策略和措施的科学。其研究范围不仅是防治疾病的具体措施，还包括了防治疾病的对策，以有效地控制或预防疾病、伤害、促进和保障人类健康。目前，其研究领域主要分为传染病研究和非传染病研究两大类，研究方法分为观察法和实验法两大类。

流行病学研究在进行临床和实验室操作过程中不可避免地和生物危险因子打交道，这些研究在造福人类的同时，也存在一系列潜在威胁。从 2003 年新加坡国立大学环境卫生研究院实验室的 SARS 病毒感染到 2011 年的东北农业大学实验室的布鲁氏菌病传播，不难看出流行病学研究中的生物安全问题对实验室工作人员甚至是对社会和群体的健康，都有很重要的意义[2]。

生物安全信息学与流行病学交叉融合，通过生物安全信息学技术对生物危险因子预警与控制，能有效降低实验室生物安全事故的发生率，保障研究人员安全和控制风险、维护人类健康。

1.2.3　生物安全信息学与人工智能的交叉融合

随着计算机技术飞速发展，作为计算机科学的一个分支，人工智能迅速兴起，这是一门研究、开发用于模拟、延伸和扩展人的智能的理论、方法、技术及应用系统的新兴学科。自诞生以来，人工智能的理论和技术日益成熟，应用领域也不断扩展，目前人工智能已在医学领域得到广泛应用,从基于深度学习的医学影像分析系统到结合了人工智能和本体的医学决策系统,人工智能技术在传统医疗向智慧医疗转变的过程中发挥了关键性作用。

在医疗和生物领域的应用过程中,人工智能算法的训练需要大量患者的真实数据,这不仅涉及患者的个人信息隐私问题,更涉及各医院和社区医疗数据互通互享的问题。此外,深度学习算法虽然取得了极大的成功,但是也让越来越多人工智能模型具有不可解释性,这不仅降低了人工智能在需要可解释性领域的应用,也很大程度上限制了其自身的发展[3]。

生物安全信息学与人工智能的交叉融合,从信息学角度为生物安全相关领域制定数据标准,实现安全共享和深度分析,打通数据壁垒,防止敏感信息泄露,同时推动生物安全的信息学和智能化的发展。

1.2.4　生物安全信息学的学科内涵

生物安全信息学学科内涵可以从信息处理的一般规则分为三个层次,即数据、模型和应用(图1.3)。建立生物安全在个体、群体和生态不同层次上的数据的采集、存储、规范化、安全共享等,建立系列的生物安全数据本体和标准、数据库和安全共享平台,在信息学模型方面可以建立统计模型、网络分析模型、系统和生态模拟模型并在生物安全各个领域应用和推广,例如建立重大传染病、感染源、生物武器相关的数据库、知识库,建立生物多样性评估和微生物耐药模型,建立生物技术、实验室技术规范的信息化管理平台,建立遗传资源信息安全监控平台等。

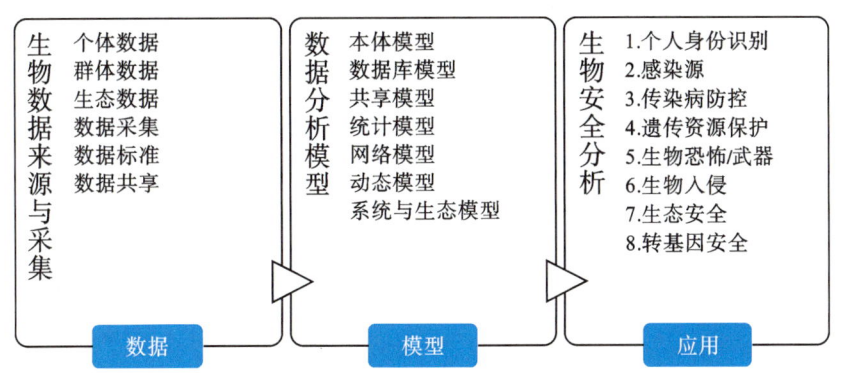

图1.3　生物安全信息学覆盖的主要内容:数据、模型和应用

（沈力　张珂　沈百荣）

生物安全信息学
BIOSAFETY INFORMATICS

参考文献

[1] 赵晶，唐晖，严江伟. 生物信息学在法医学中的应用与展望[J]. 中国法医学杂志，2018，33(1)：4.

[2] 赵艳，张永宏. 传染病学研究生实验室的生物安全教育[J]. 中国医学教育技术，2015，29(3)：3.

[3] 周吉银，刘丹，曾圣雅. 人工智能在医疗领域中应用的挑战与对策[J]. 中国医学伦理学，2019，32：6.

第2章
生物数据共享的标准与生物安全

2.1　生物数据共享与本体

2.1.1　本体的必要性

随着信息技术的发展,软件和知识库已经渗透到生物医学相关的各种研究中,各种生物医学系统被相继开发出来,产生越来越多的生物医学数据。然而,如何标准化、存储、交换、整合这些数据一直是亟待解决的难题。在解决数据共享的过程中,人们采用了各种技术手段,如传统的数据仓库和联邦数据库、可扩展标记语言(extensible markup language,XML)技术和本体(ontology)技术。数据仓库和联邦数据库技术主要用于整合和共享结构化数据,对于非结构化和半结构化数据,就面临如何把非结构化和半结构化数据转换为统一的结构化格式,这使得利用传统的数据库进行数据共享限制就比较多,而XML技术在这方面就表现出了非常大的优势。XML技术自发布起,由于它具有灵活的数据格式、自描述等优点,在生物医学数据的存储、数据整合、数据共享都得到了很好的应用。此外,近年本体技术受到越来越多的关注,相比于XML技术,本体在解决语意异质性方面具有明显的优势,已被广泛应用于生物医学数据的共

享中。本体是知识表示规范的基本层次,随着本体技术的发展,各种标准的本体知识库被相继开发出来。这些标准库的建立将极大地推动生物医学相关领域的数据共享研究。

2.1.1.1　数据共享与数据库技术

随着信息技术的发展,各种生物医学系统被相继开发出来,例如临床信息系统(clinical information systems,CIS)、临床决策支持系统(clinical decision support system,CDSS)、临床操作指南系统(clinical practice guideline system,CPG)、电子健康患者系统(electronic health records system,EHR)、基于实例推理的医学诊断系统(case - based reasoning - driven medical diagnostic systems)、临床试验管理系统(clinical trials management system,CTMS)、统一医学语言系统(unified medical language system,UMLS)、实验室信息管理系统(laboratory information management system,LIMS)、电子患者护理系统(electronic patient care system,EPCS)等。这些系统每天都在产生大量的生物医学数据,这些数据分散在各个系统中,形成了一个个信息孤岛,如何有效地整合并共享这些数据一直是该领域亟待解决的问题。数据整合和共享是将保存在不同数据源中的数据汇总到一起,为用户提供访问这些数据的统一查询接口的过程。传统的数据集成方法包括数据仓库(data warehouse)和联邦数据库(database federation)。数据仓库是存储电子化数据的储存库。不同来源的数据按照一定的规则被提取、转换和加载到中央存储库中。除了数据本身,数据仓库还包含检索和分析数据,提取、转换和加载数据,以及管理数据的方法。数据仓库的优点:增强用户访问各种数据源的能力和提高数据的一致性;由于所有数据都保存在中央数据存储库中,因此数据仓库具有非常高的可靠性和更快的查询响应时间。但它也有几个缺点:数据仓库的初始创建成本很高,因为所有数据源都需要转换并复制到中央存储库中;数据仓库需要定期更新(如每天或每周),因为存储的数据可能会很快过时,这增加了数据仓库的维护成本。

联邦数据库系统被认为是一个元数据库管理系统,它透明地将多个自治数据库系统集成到联邦数据库的单一概念视图中。因为数据源中的数据不会被复制到中央存储库中,所以我们可以认为数据源是被"联邦的",因此称为联邦数据库。联邦数据库服务器管理数据源系统中相关记录或感兴趣数据的索引或链接。数据源通过计算机网络相互连接,而且数据源在地理上可能是分散的。本质上,联邦数据库就是一个虚拟数据仓库。除了数据仓库的优点之外,联邦数据库还提供了对实时数据和功能的访问。由于不需要将信息集中到中央存储库中,因此构建和维护联邦数据库的成本远低于数据仓库。安全性上联邦数据库也比数据仓库增强了,因为数据源的所有者控制着对其系统中所包含数据的访问权限。但是,联邦数据库的查询性能受到许多因素的限制,如网络配置和性能、数据源的模式设计以及可用性等。

数据仓库和联邦数据库通常都是基于已有的结构化数据库对数据进行整合和共享。但是随着 Web 技术的发展,对于非结构化和半结构化数据,比如电子病历、生物医学数据、文献、手册、书籍、网页等,进行数据交换和整合和共享时就面临如何把非结构化和半结构化数据转换为统一的结构化格式在网络上传输的问题。同时在异构系统间或者网络上进行数据交换时,传统的数据库方法限制就比较多,而 XML 技术在这方面就表现出了非常大的优势。

2.1.1.2 数据共享与 XML 技术

XML 是万维网联盟(W3C)正式推荐的标准,它类似于超文本标记语言(HTML),但它的设计宗旨是传输数据。XML 是由若干相关规范定义组成,包括 Extensible Markup Language (XML)、XML Pointer Language (XPointer)、XML Linking Language (XLink)、Extensible Style Language (XSL)、Extensible Style Language Transformations (XSLT)、Document Type Definition (DTD)。XML 数据具有自描述的特点,这可以理解为数据本身和描述数据的结构保存在同一个文件中,因此 XML 格式的数据是结构化的,其存储的内容可以根据描述数据的结构动态地被理解。XML 还支持元素嵌套,这种能力允许 XML 支持多层次结构。XML 可用于希望以一致的方式共享信息的任何个人、团体或公司。图 2.1 是使用 XML 对通过各种途径收集的半结构化和非结构化的数据转换成统一的结构化的格式存储。

XML 标准是一种灵活的创建信息格式的方法,在进行数据处理时能够把不同格式的数据通过统一的结构化格式组织在一起。在某些应用场景中需要在系统内部或系统之间进行异质数据互相交换。比如大量的人体组织样本的实验数据如果没有和临床数据整合,对于生物医学研究者来说就没有多少应用价值。在过去,研究数据通过手动检索病理报告、患者图表、放射学报告和特殊处理程序的结果与医疗数据相关联。然而,当实验涉及数以千计的组织标本时,手动标注研究数据是非常困难的,这涉及大量复杂数据集的处理。由于 XML 具有灵活创建信息格式的方法,使用 XML 技术就可以很方便地关联各种类型的数据。

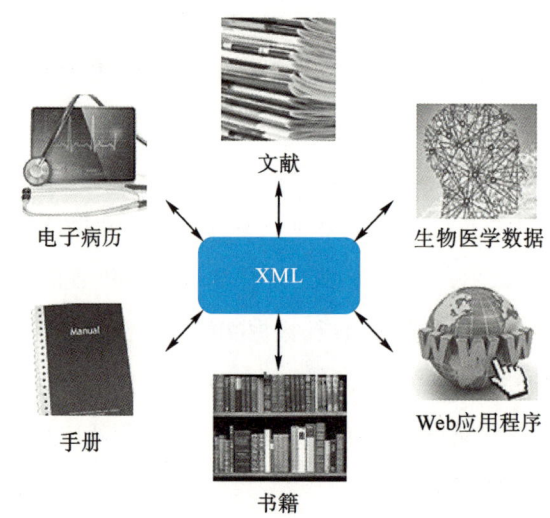

图 2.1　XML 应用于数据的统一结构化存储

XML 应用于电子病历、生物医学数据、文献、手册、书籍等。

2.1.1.3　数据共享与本体技术

在数据层实现数据整合,XML 是一个很好的解决方案,但在语意层就相对比较困难,本体在这方面表现出了它的优势。在人类使用的语言中,同一个词可能有不同的含义,例如,"football"这个单词在英国指的是足球"association football",而美国人用来指足球的是"soccer"。在英国"football"也可以指英式橄榄球"rugby football",在美国它是美式橄榄球"American football"。此外,同样的东西可以用不同的词来表示,如在我国的"计算机"和"电脑"。假如我们要在人或软件代理之间共享一个信息结构的共同理解,本体是一个很好的解决方案,比如领域本体就可以实现对领域内知识的共同理解。本体是知识表示规范的基本层次,它为需要在领域内共享信息的研究人员定义一个通用词汇表。本体包括计算机可理解的领域中基本概念的定义和概念之间的关系。"本体"这个术语本身还没有统一的定义,通常对它的定义可以分为以下三个粗略的组。

(1)本体是一个哲学术语,意思是"存在论"。

(2)本体是对共享概念体系的一个明确的形式化规范说明。

(3)本体是描述一个领域的知识库。

本体对于实现知识的共享和重用非常重要。它的基础通常是一种分类法,按层次结构对事物进行分类。许多学科领域已经开发了标准化的本体,领域专家使用它们在其领域中来共享和注释数据,如医学中产生了大量的标准化和结构化的词汇表。通用本体也正在出现,如基本形式本体(basic formal ontology)和开放生物医学本体(open biomedical ontology foundry)等。

当研究人员进行特定领域的研究时,他们需要通过定义一个共同的词汇表来为他们的特定领域开发一个本体以便共享信息。在数据整合时,XML 在数据层能很好地实现数据的集成,在语意层就比较困难。本体的优势是可以实现语意层的数据集成和共享。比如多个数据库的数据集成中,对每个数据库建立本地本体,再把建立的多个数据库本地本体集成一个统一的本体,用户搜索数据时可以通过对统一的本体进行语义的查询。临床操作指南在临床应用中受到越来越多的关注,它们已成为支持医护人员治疗患者的有用工具。然而,据了解我国或国际上制定的临床操作指南,特别是那些不涉及医疗过程的指南,往往不考虑患者的具体情况,也没有一致的实施策略,这限制了其对改变医生行医或护理模式的影响。通过建立临床操作指南的本体,可以实现语意敏感(semantic-sensitive)检索,因为语意敏感的检索优于文本关键字的检索,提高了搜索的覆盖率和精度。在临床实践中阻碍临床决策支持系统被广泛采用的主要因素是很难用统一的形式表示领域知识和患者数据。在临床决策支持系统的开发中,使用本体整合领域知识和患者数据,在实际验证中获得了高准确率和接受率。例如,研究人员提出了一种基于语义的方法,通过整合 Health Level Seven(HL7)参考信息模型(RIM)和本体,用统一的形式表示医疗保健领域知识和患者数据,在实际的临床决策应用中取得了较好的结果。临床试验的目的是评估新的干预措施是否优于目前的候选方案。临床试验在治疗方法、药物开发验证方面发挥着重要作用,本体可以很好地支持临床试验数据重用和基于语义的查询。

生物医学本体代表了现实中具有生物医学意义的实体及其组织。它们关注基于规则的类和类之间的关系。通常构建本体的目的是以一种正式的、规则的方式来表示知识,这种方式超出了术语学中的典型用法。因此,从理论上讲,Cimino 列出的受控医学词汇的大部分需求都是通过本体论来解决的。例如,本体应该满足面向概念、一致表示和形式化定义的需求。在实践中,本体包括从通用概念中抽象出来的概念,这些概念形成了所有领域知识表示的基础,以及局限于特定领域的概念。领域本体表示关于世界某一特定部分的知识,如医学,而顶层本体是独立于领域的。对于顶层本体

和领域本体,我们还将它们分为参考本体和应用本体。应用本体是为特定任务而设计的,参考本体是独立于任何特定目的而开发的,并且应该反映底层的实际情况。领域参考本体通过所代表的领域理论,以独立于特定目标的方式表示关于世界某一特定部分的知识。生物医学信息学中参考本体的一个例子是解剖学基础模型(FMA),这是一个在华盛顿大学已经开发了十年的解剖学本体,涵盖了宏观、微观和亚细胞解剖学的整个范围。虽然领域参考本体并不针对特定的用户群,但是已经在需要领域知识的不同应用中使用这些本体进行多个尝试。

2.1.2　本体的分类与结构

2.1.2.1　顶层本体

由于生物医学领域是高度互联的,生物本体可能相互重叠。例如,生物医学研究本体(OBI)需要使用在任何科学研究中都可用的化学物质的定义。这些定义不需要在 OBI 本体中进行开发,因为已经有一个称为 ChEBI 的化学物质领域的生物医学本体。类似地,如 Array Express 软件,使用一个本体可能需要不止一个领域本体。通常,在这些类型的场景中,有必要将多个本体整合到一个一致的描述中。为了按照这种"积木"方法集成或重用特定的领域本体,必须有一个高层次的结构或通用的"支架",在其中可以"插入"不同领域本体的不同部分。为了保证易于互操作,或者领域本体的重用,设计良好和文档化的本体是必不可少的,而顶层本体在这个集成工作中是基础。

顶层本体提供了一个与领域无关的概念模型,旨在跨特定领域应用中的高度重用性。顶层本体的主要目的之一是帮助跨本体进行语义集成,并为使用它们的本体建立一套设计原则。顶层本体论通常描述非常通用的层次或抽象的概念。大多数顶层本体提供了一个通用的分类标准,使得重用、扩展和维护特定应用所需的现有本体变得容易。因此,为了使用顶层本体需要为本体的开发方法提供通用的规则,使开发的本体具有互操作性和重用性。

这些规则应包括以下两点。

(1)选择一个顶层本体而不是另一个的设计决策和理由。

(2)在一个特定领域的概念化举例说明其如何使用。

顶层本体的例子包括基本形式本体（basic formal ontology，BFO）、语言和认知工程的描述性本体（descriptive ontology for linguistic and cognitive engineering，DOLCE）和通用形式化本体（general formal ontology，GFO）。根据顶层本体表示，或"世界观"，顶层本体将提供一个关于如何建模、物理对象、过程和信息的框架，并提供关于这些类如何相互关联的约束。

2.1.2.2 参考本体

生物医学中有许多参考本体。像开放生物和生物医学本体库（the open biological and biomedical ontologies，OBO foundry）旨在将这些参考本体组织成一个非重叠和可互操作资源的集合。

与应用本体不同，参考本体不是为任何特定的应用设计的，而是为了在多个应用环境中重用。理想情况下，这些参考本体中的每一个都将包含基础医学的一个领域，正如基础科学知识在研究和临床实践中以多种方式重复使用一样，参考本体也将通过在不同的应用本体中包含其中一个或多个的片段而被重用。参考本体被设计为顶层本体的扩展或专门化，这些本体从全局的角度看待现实的多个领域，并根据本体科学的原理进行设计。因此，与从头开发的应用本体相比，基于参考本体的应用本体在语义网络中应该更容易链接在一起。

然而，只有找到在特定应用中使用它们的方法，才能实现参考本体的承诺。因为它们是要被重用的，所以参考本体范围广且内容深，而应用本体则相对范围窄和内容浅。参考本体是根据严格的本体原则设计的，而应用本体是根据特定领域的最终用户的角度来设计的。这些差异的结果是，参考本体太过庞大和详细，以至于不能在应用中"开箱即用"，即使开发人员知道并希望使用它们。在集成、构建和使用参考本体方面存在挑战。当前的参考本体不是完全可互操作的，因为它们是以不同的风格、使用不同的工具构建的，并且通常不共享一个通用的顶层本体。

这些问题导致以下两个具体的研究问题必须解决，以实现潜在的参考本体作为语义网络的基础。第一个问题是如何从一个或多个参考本体生成应用本体。与其开发特别的应用本体，更重要的是开发形式化的方法来指定从参考本体到应用本体的转换。这些方法应该以一种声明性的方式（而不是作为特别的程序）来指定，以便它们可以随着源本体的改变而容易地重新运行，并且可以通过图形界面生成和使用设计的规范。第二个问题是如何通过查询接口而不是作为可下载文件提供对这些应用本体

的访问。为了将大型本体链接到语义网络中,必须解决这个问题,但是在更直接的时间尺度上,它是由于版本控制的问题而出现的:在有人从中构建了应用本体之后,参考本体发生了变化。解决这个问题的一个方案是不要向应用程序开发人员提供实际构建的应用本体,而是将其作为一个 Web 服务提供,该服务可以被支持 Web 的应用程序查询。这样的方法应该可以大大减少版本控制问题,因为查询接口总是可以访问参考本体的最新版本。

2.1.2.3　应用本体

应用本体是为特定用途或应用而设计的本体,其范围通过可测试用例指定。应用本体经常使用或参考规范的本体来构造本体的类和类之间的关系。应用本体用于生物学中跨领域实验建模、数据注释或可视化以及为特定用户组生成跨参考本体的数据驱动视图。

应用本体通常用于跨领域,例如转录组学和基因组学,或者结合样本、基因和实验维度的注释。让我们考虑一个基因表达用例:我们想对实验过程、分析、细胞类型、细胞系、疾病和用于治疗细胞系的化合物进行说明,这些细胞系是疾病的实验模型。使用所有这些概念执行查询需要完全集成参考本体。应用本体通过导入支持应用所需的全部或部分参考本体,并通过沿公共轴集成来解决这些问题。公共轴可以是一个顶层本体,或者是一个最能代表应用需求的结构,例如由数据驱动。

应用本体还可以通过为本体类生成特定的用户或面向领域的定义来提供关于参考本体的替代"视图"。这可能涉及生成一个特定社区将与之相关的定义(例如,"规范化"可能根据上下文和应用关注点具有多种含义)或为特定用户社区呈现类标签。

应用本体应该根据一组表示特定应用的范围和需求的用例和能力问题进行评估。例如,用户查询用例可能包含能力问题"有什么癌症细胞系数据"。这需要足够的本体覆盖来捕捉"癌细胞系"的概念。

研究者们已开发了很多应用本体,如实验性因素本体(experimental factor ontology,EFO)、神经科学信息框架标准本体[neuroinformatics framework(NIF)standard ontology,NIFSTD]等。EBI 的 EFO 被用来表示基因表达实验数据中的样本变量。EFO 从多个参考本体中导入类,并生成新的类,这些类向参考本体类添加额外的知识,以满足查询和管理用例。NIF 以前被称为 BIRN,已经构建了 NIFSTD 本体。NIF 是一个基于网络的神经科学资源的动态清单:数据、材料和工具可以通过任何一台连接到互联网的计算机访问。NIFSTD 是一个包含独立模块的本体,涵盖神经科学的主要领域:解剖学、细胞、亚细胞、分子、功能和功能障碍。

2.1.3　本体构建的方法

本体在语意层具有的强大功能是基于它显式地表达知识,编码语义,并促进人和机器之间对领域知识的共同理解。在形式上,本体包含实体、关系、属性、实例、功能、约束、规则和推理过程等。

2.1.3.1　构建本体的原则

国内外的学者总结各自在本体构建工作中的经验,提出了一些本体构建的基本原则和方法。其中,1995 年 T. Gruber 提出了指导本体构建的 5 个原则:清晰明确(clarity)、一致性(coherence)、可扩展性(extendibility)、最小编码偏差(minimal encoding bias)、最小本体承诺(minimal ontological commitment)。

A. Lozano - Tello 等人以 Gruber 提出的本体构建原则为基础并融合了其他学者的观点,提出了新的 5 个原则:本体区别原则(ontological distinction principle)、概念层次多样化(diversification of hierarchies)、最小模块耦合(minimal modules coupling)、同属概念语义距离最小化(minimization of the semantic distance between sibling concepts)、命名尽可能标准化(standardization of names whenever is possible),这些原则在本体的开发中证明是有效的。

当前对本体构建的指导原则、构建方法及构建结果的评价等都还没有形成一个统一的标准,研究者们往往使用各自的研究实践经验来构建本体。不过得到大家公认的是,在构建特定领域本体的过程中需要该领域专家的参与。

2.1.3.2　构建本体的常用方法

1. 构建本体的基本思路

构建本体的基本思路包括以下几点。

(1)利用所要构建本体的领域资料,包括自由文本,如指南、书籍、词典等,在线知识系统,如基因本体(GO)、疾病本体(DO)、美国国家肿瘤研究所受控词汇表(the National Cancer Institute's thesaurus)等,该领域的信息管理系统,如 HIS 系统等,在领域专家的参与下构建本体,这是最常用的构建本体的方法。

（2）以已有的资料为基础构建本体，如叙词表、分类词表等。叙词表中已经收集了某领域的概念以及概念之间的逻辑关系，可以利用已有的叙词表，对它进行知识补充及按照新的知识体系对概念间的关系进行梳理来构建本体。

（3）整合已有的相关本体构建领域本体。整合领域分支知识的本体可以构建领域本体。如疾病本体就是整合了各种疾病知识本体的通用本体。

（4）基于顶层本体的本体构建。顶层本体（或基础本体）是普遍适用的、范围较广的领域本体之间的公共关系和对象的模型。标准的顶层本体如基本形式本体（BFO）、都柏林核心元数据集（Dublin core）等。

2. 构建本体的方法体系

常用的本体构建方法有七步法、METHONTOLOGY 法、IDEF5 法、TOVE 法、骨架法、SENSUS 法、KACTUS 法、FCA 法等，如表2.1所示。

表2.1　本体构建常用的方法

本体构建方法	发明组织	应用领域	构建工具
七步法（seven – step method）	Stanford University School of Medicine	应用于学科知识领域的本体构建方法	Protégé
METHONTOLOGY 法	The Technical University of Madrid	致力于构建化学本体	WebODE
IDEF5 法	KBSI Company of USA	描述和获取企业本体	无特定工具
TOVE 法	Gruninger and Fox	关于业务流程和活动模型本体	无特定工具
骨架法（skeleton method）	Uschold and King	关于商业企业之间的企业定义和术语集合的建模本体	无特定工具

3. 构建本体的工具

随着人们对本体认识的逐步深入，本体的开发工作量随之增加。构建本体的过程可以说是比较烦琐的，使得本体开发者亟须一个能够帮助他们提高工作效率的工具。在这个背景下，研究者们提出了本体工程。本体工程是提供本体生命周期管理机制的研究领域，它研究建立本体的方法和方法学，即一个领域内一组概念的形式化表示以及这些概念之间的关系。随着本体工程的发展，各种本体构建工具应运而生，以支持本体开发过程中的各个环节。借助这些工具，在构建本体时就不必了解本体的具体描述语言,把更多的精力放在本体内容的组织上,极大地提高了本体构建的效率。目前,国际上已发布了多款优秀的本体构建工具,如 Protégé、NeOn Toolkit、TopBraid Composer、Altova SemanticWorks、WebODE、FlexViz、WebOnto 等。

Protégé 是斯坦福大学为知识获取而开发的一个工具,主要应用于知识的获取以及现存本体的合并和编辑。Protégé 是开源工具,可以免费下载使用。它支持通过一个完全可定制的用户界面在一个工作区创建和编辑一个或多个本体。它的重构操作包括本体的合并,在本体之间移动公理,重命名多个实体等。Protégé 已经成为目前使用最为广泛的本体编辑工具和基于知识的框架。

NeOn Toolkit 是一个本体工程环境,由 NeOn 基金提供支持,作为 NeOn 项目的一部分而开发的。NeOn Toolkit 是一个最先进的、开源的多平台本体工程环境,为本体工程生命周期提供了全面的支持。该工具包基于领先的开发环境 Eclipse 平台,提供了大量的插件,涵盖各种本体工程活动,包括注释和文档、开发、人与本体交互、知识获取、管理、模块化和定制、Neon 插件、本体动态、本体评价、本体匹配、推理推论、重用。

TopBraid Composer 是由 TopQuadrant 公司开发的软件,它为构建和测试知识图谱和语义服务提供了强大而全面的支持。它主要包含四大功能模块:①全面支持使用模型(类、属性)和数据,如构建本体模型、创建 RDF 数据、可视化编辑类和 RDF 图等。②RDF 知识图谱的数据格式转换,如 XML、XML Schemas、Spreadsheets、关系数据库、JSON 等与 RDF 知识图谱互转。③开发查询和规则,如推理、本体映射、生成 SPARQL 语句等。④应用开发工具,如数据规则和函数、SPARQL 模板和数据质量约束等。

2.2 现有的生物数据本体

2.2.1 基因本体:功能分析

随着科学研究中生物数据共享的发展,本体概念被提出并不断优化,生物数据本体逐渐涌现,有利于我们进行相关方面的生物学研究,本小节主要对现有的生物数据基因本体展开介绍。

基因本体(gene ontology,GO)是当今生物学科研领域中一项重要的生物信息学研究,是 GO 组织(GO consortium)构建的结构化的标准生物学模型,是对基因功能的分

类注释数据库,目的是建立基因及其产物知识的标准词汇体系,它是生物信息学中的一个重要的分析工具和方法,旨在统一物种的基因表达和基因性质,以灵活和动态的方式,应用以物种独立方式描述基因及其蛋白质性质并进行注释的一组关键词,从而能够基于其共享的生物学特性查询和检索基因和蛋白质。基因本体可用于不同基因组数据库之间的动态维护并提高关联的可操作性,拥有各种物种基因进行统一标准化描述的术语,作为国际标准化的基因功能描述分类系统,基因本体中每个条目都有一个唯一的标识[1]。

早期的生物学家对生物成分描述和概念化的进展落后于测序技术的快速进步,在很多情况下,即使生物学专家们认识到基因及其产物的潜在相似之处,但由于基因及其产物的命名系统仍然没有统一化,不同的数据库使用不同的术语,导致基因组数据库的互操作性和共享受到限制,促使了基因本体注释的开展。最早的基因本体出现于1996年,科研人员研究真核生物萌芽酵母——酿酒酵母的生物基因组,贡献注释数据,为基因本体开发做出贡献,随后果蝇、小鼠等基因组序列的研究也促进基因本体朝着更加全面的方向优化。THE GENE ONTOLOGY RESOURCE 知识库截至2020年6月,包含44411条GO基因集语义、7975639条注释、1558956条基因产物、4611种不同的生物[1-2]。

目前基因本体所涉及的主要内容包括对基因和基因产物进行注释,并对注释数据进行同化和传播、对实验数据的功能解释,例如富集分析。基因本体论注释涵盖以下三个领域。①细胞组分(cellular component,CC):细胞部分或其细胞外环境;②分子功能(molecular function,MF):基因产物在分子水平上的元素活性,例如结合或催化活性;③生物过程(biological process,BP):与整合的生命单位(细胞、组织、器官和有机体)的功能相关的,具有明确定义的开始和结束的一系列生物过程,一般一个过程是由很多个部分共同组成的,例如信号转导。在此特别指出的是,基因本体论注释中的生物过程与信号通路不是相同的概念。在基因本体分析中每个基因可以获得三个层面的注释,即参与的生物过程,在细胞中的特定组分和行使的分子功能,每一大类下又包含很多层级条目及亚分类,具有相同功能的基因被分为一类,称基因集(term)。基因本体功能分析结果是一个有向无环图,其中的每个条目是一个节点,两个条目存在关系就以边的形式进行连接,边的联系是有方向的,每个条目可以同时与多个父本条目存在联系,基因集术语之间的关系有多种,比如包含、调控、负调控、正调控等。通常可以根据归为同组的已知基因的功能和作用来推测相同基因集内未知基因的功能作用,能分析注释特定基因相关联的某些基因的功能。

另外,基因本体注释报告展示了基因及产物在生物学类型之间的联系,并反映了对基因产物实例的实验分析或者从相关实例分析中得出的推理,能够将科研工作者新的实验结果验证与基因本体中载录的现有科学知识联系起来。同时,由于每个本体注释最终都取决于科学实验中对相关现有实例的结果,但是注释本身与此类实例无关[3],基于此,基因本体并不是一成不变的,因为其注释是由科学家从描述一般情况的科学实验的已发表报告中得出的,如果通过进一步的实验对此类证据提出质疑,相应的注释需要修改优化。因此,基因本体的数据库会随着新信息而不断更新。

现有常见的用于基因本体功能分析的软件及工具有很多,网络在线工具如DAVID、Gostat 等。目前在生物领域应用较为广泛的在线软件 DAVID（database for annotation,visualization and integrated discovery）,操作步骤简单,分析速度良好,可分别查看并快捷导出三个领域的最终结果。与此同时,可用于基因本体分析的 R 语言工具包被不断开发,如 Clusterprofiler 等。R 语言工具包 Clusterprofiler 基于 Bioconductor,功能丰富,可输出多种类型的富集分析图形,可视化功能优秀,更新及时,逐渐被广泛使用。多样的基因本体功能分析工具为科研人员的工作提供了极大的便利。

尽管基因本体注释是一个强大的工具,在数据分析和功能预测方面变得越来越强大,但研究人员在具体使用前必须充分理解本体和注释的特征及意义,避免错误分析,对某一特定生物体可用注释的准确性可能会影响最终的结果,因此,应谨慎选择分析方法,对于某些特定类型的分析,可能必须包含或排除某些类型的注释。此外,为了确保分析结果的可重复性,任何的基因本体注释分析都必须引用对应的数据源(包括本体的版本、注释文件的日期、使用的注释的数量和类型、软件的版本和参数等)[4]。

基因本体的概念,特别是生物过程、分子功能和细胞组分之间的区别,已经得到生物学家的青睐,随着信息的积累而变化,本体和注释的不断发展,它们可以反映不同生物在生物学上的许多差异。通过这种方式,基因本体建立了一个支持通用语言的系统,可以被生物界广泛的理解和使用,基因本体论的发展反映了领域科学家对此领域的共同理解,成为研究人员将数据转化为知识的重要工具,有助于科研人员明确相关基因的作用及其涉及的生物过程及功能,验证其可靠性,将其应用于更多方面的研究。

2.2.2 表型本体

表型指生物体可以被观察到的结构和功能特性,包括形态结构、生化特性和生理特性等。表型是由基因和环境共同决定所形成的产物。表型方面的本体主要有人类疾病表型本体,以及其他物种的表型本体。疾病表型在疾病诊断中起着重要作用,是医生区分患者是否患某病的重要依据。人类的疾病表型本体起到的就是这一重要作用,通过标准化的术语描述表型,并与具体的疾病进行关联,有利于对病历数据进行标准化,为医生诊断和科学研究提供统一的规范,同时规范化的数据也有利于进行去隐私处理,保护患者的信息安全。而其他物种的表型本体,也规范化了相关表型术语,为数据规范化打下了基础。

2.2.2.1 人类疾病表型本体

人类表型本体计划(The Human Phenotype Ontology Project)是由美国国立卫生研究院(National Institutes of Health,NIH)等机构所资助的项目,旨在通过表型,连接基因和疾病,构建人类表型本体(the human phenotype ontology,HPO),使其成为分子生物学与人类疾病研究间的桥梁。除人类表型本体外,人类表型本体计划还包含了疾病表型注释和相关的基因组学工具、表型组学工具等。人类表型首次公开发表于2008年[5];2015年,多位专业人士共同提出将HPO引入我国;2016年,成立了中文人类表型标准用语联盟,华大基因团队、张巍教授、王凯教授等共同翻译构建了中文HPO。

人类表型本体(2020年6月版本)包含18778个条目,描述了人类疾病中的表型异常。HPO分为7大类:血型(blood group)、临床病程(clinical course)、临床调节异常(clinical modifier)、频率(frequency)、遗传模式(mode of inheritance)、既往病史(past medical history)和表型异常(phenotypic abnormality)。表型异常又按发生异常的部位进行了分类:异常细胞表型、血液和造血组织异常、结缔组织异常、头部和颈部的异常、肢体异常、代谢紊乱/稳态失衡、胎儿产前发育或出生异常、乳房异常、心血管系统异常、消化系统异常、耳部异常、内分泌系统异常、眼部异常、泌尿生殖系统异常、免疫系统异常、体壁的异常、肌肉组织异常、神经系统异常、呼吸系统异常、骨骼系统异常、胸腔异常、声音异常、全身症状、生长异常和癌症。HPO中各条目有详细的定义、同义词、与其他词条的关系等,并且提供了词条对应的UMLS(unified medical language system,统一医学语言系统)、SNOMED CT(systematized nomenclature of medicine—clinical terms,医学系统命名法——临床术语)等数据库的 ID。

人类表型本体计划还对罕见病进行了注释,具体为对 OMIM 数据库(online mendelian inheritance in man)和孤儿罕见病本体(详见2.2.3)中的疾病使用HPO中的条目进行了注释,即形成了 OMIM 数据库 ID 或孤儿罕见病本体 ID 和 HPO ID 的关系对,有超过 156000 条注释。例如,OMIM:143100 HUNTINGTON DISEASE(亨廷顿病)对应有 14 种 HPO ID,如 HP:0000006 Autosomal dominant inheritance(常染色体显性遗传)、HP:0000496 Abnormality of eye movement(眼球运动异常)等。

此外,人类表型本体计划还产生了多个应用和软件,包含临床诊断、外显子/基因组诊断和研究、临床分型。Phenomizer 可以判断输入患者的临床特征是否符合诊断,以辅助专家进行诊疗。Exomiser 通过对处理后的全外显子测序数据,与小鼠模型进行对比,得出基因的表型相关性得分,Exomiser 还包含了 Genomiser 和 PhenIX 等子工具。PhenoGramViz 可以自动分析并可视化患者 CNV 影响的基因和 HPO 术语间的基因表型关系。Patient Archive 使用 HPO 创建结构化的患者表型状况,并且通过 HPO 驱动的语义相似匹配算法执行各种任务:患者配对、疾病探究、个性化基因列表生成和变异过滤/优先次序过程。

除了人类表型本体外,目前还有 3 个专有疾病表型本体:自闭症表型本体(autism spectrum disorder phenotype ontology,ASDPTO)、出血史表型本体(bleeding history phenotype ontology,HPO),以及亚洲原发性免疫缺陷病资源表型本体[resource of Asian primary immunodeficiency diseases(RAPID)phenotype ontology,RPO]。自闭症表型本体包含了用药史、个人特征和社交能力 3 类的 284 个条目[6]。出血史本体包共有 544 个条目,囊括了 8 类:人口统计学特征、疾病或紊乱、事件、事件属性、实验室评估、个人、物理发现、RU 问卷元数据。亚洲原发性免疫缺陷病资源表型本体是根据亚洲原发性免疫缺陷病资源(resource of Asian primary immunodeficiency diseases,RAPID)中词汇所构建的本体。

2.2.2.2　其他物种表型本体

除了人类疾病表型相关本体外,还有植物群表型本体、哺乳动物表型本体、微生物表型本体等描述一大类生物表型的本体,以及病原体 - 宿主相互作用表型本体、果蝇表型本体、裂殖酵母表型本体、爪蟾属表型本体等本体,详见表 2.2。

表 2.2　其他物种表型本体

中文名	英文名	缩写	条目数	网址
植物群表型本体	flora phenotype ontology	FLOPO	26873	http://bioportal.bioontology.org/ontologies/FLOPO
哺乳动物表型本体	mammalian phenotype ontology	MP	14234	http://bioportal.bioontology.org/ontologies/MP
微生物表型本体	microbial phenotype ontology	MPO	326	http://bioportal.bioontology.org/ontologies/MPO
微生物表型本体	ontology of microbial phenotypes	OMP	20598	http://bioportal.bioontology.org/ontologies/OMP
病原-宿主相互作用表型本体	pathogen host interaction phenotype ontology	PHIPO	3427	http://bioportal.bioontology.org/ontologies/PHIPO
子囊菌表型本体	ascomycete phenotype ontology	APO	619	http://bioportal.bioontology.org/ontologies/APO
秀丽隐杆线虫表型本体	C. elegans phenotype vocabulary	WB-PHE-NOTYPE	2637	http://bioportal.bioontology.org/ontologies/WB-PHENOTYPE
盘基网柄菌表型本体	dictyostelium discoideum phenotype ontology	DDPHENO	1133	http://bioportal.bioontology.org/ontologies/DDPHENO
果蝇表型本体	drosophila phenotype ontology	DPO	1191	http://bioportal.bioontology.org/ontologies/DPO
裂殖酵母表型本体	fission yeast phenotype ontology	FYPO	12182	http://bioportal.bioontology.org/ontologies/FYPO
涡虫表型本体	planarian phenotype ontology	PLANP	3562	http://bioportal.bioontology.org/ontologies/PLANP
茄科表型本体	solanaceae phenotype ontology	SPTO	487	http://bioportal.bioontology.org/ontologies/SPTO
爪蟾属表型本体	xenopus phenotype ontology	XPO	23891	http://bioportal.bioontology.org/ontologies/XPO

2.2.3 疾病本体和特定疾病本体

疾病本体是所有疾病的分类,涵盖更广,而特定疾病本体是描述具体疾病的方方面面,如临床诊断、分型、病因、流行病学等。因为描述的范围不同,疾病本体的用途更多的是规范疾病的分类和命名,而特定疾病本体则是用于描述该特定疾病,为相关数据的标准化提供规范。

2.2.3.1 疾病本体

人类疾病本体(the human disease ontology,DO)是由马里兰大学医学院基因组科学研究院所发起的,旨在为生物医学界提供一致、可重用且可持续的人类疾病术语、表型特征和相关医学词汇疾病概念描述[7]。DO 包含有 12694 个条目(2018 年更新),其将疾病分为了 8 个大类:传染病(disease by infectious agent)、系统疾病(disease of anatomical entity)、细胞增殖疾病(disease of cellular proliferation)、精神健康疾病(disease of mental health)、代谢疾病(disease of metabolism)、遗传性疾病(genetic disease)、身体紊乱(physical disorder)和综合征(syndrome)。DO 通过交叉引用映射在语义上整合并连接了 46000 多个其他数据库[ICD9、ICD10、MeSH(medical subject headings,医学主题词表)、NCI thesaurus(NCI 同义词词典)、SNOMED CT 和 UMLS]中的疾病和医学词汇术语。

国际疾病分类(International Classification of Diseases,ICD)是由世界卫生组织(World Health Organization,WHO)推广的全球健康信息诊断标准,1893 年发布了第 1 版,1975 年发布了第 9 版(ICD-9),1994 年发布了第 10 版(ICD-10),2017 年发布了第 11 版(ICD-11)。基于 ICD,目前有关于 ICD-9、ICD-10 的本体和 ICD 肿瘤部分的本体,详见表 2.3。ICD-10 和 ICD-11 均是根据疾病发生的系统或者类型进行分类的,如某些传染病或寄生虫病、肿瘤、血液或血液形成器官的疾病等。

OMIM 数据库也有其同名本体:online mendelian inheritance in man。OMIM 包含了 109609 个条目,涵盖了人类遗传病和与之相关的表型等其他条目。与 DO 和 ICD 有所不同的是,OMIM 的分类依据是疾病的发生部位,分为腹部、心血管、胸、内分泌特征、泌尿生殖、胃肠、生长、头颈等。但由于 OMIM 主要是其网站,本体(2019AB)做的相较于 DO 并不完善,缺少定义、同义词等常规本体都有的内容,仅呈现了词条间的相互关系。

表2.3　ICD 相关本体

ICD 版本	中文名	英文名	缩写	条目数	网址
NA	ICD 肿瘤	international classification of diseases ontology	ICDO	292	http://bioportal. bioontology. org/ontologies/ICDO
ICD-9	ICD-9 临床修订	international classification of diseases, version 9-clinical modification	ICD9CM	22533	http://bioportal. bioontology. org/ontologies/ICD9CM
ICD-10	ICD-10	international classification of diseases, version 10	ICD10	12455	http://bioportal. bioontology. org/ontologies/ICD10
	ICD-10 临床修订	international classification of diseases, version 10-clinical modification	ICD10CM	95209	http://bioportal. bioontology. org/ontologies/ICD10CM
	ICD-10 程序编码系统	international classification of diseases, version 10-procedure coding system	ICD10PCS	189626	http://bioportal. bioontology. org/ontologies/ICD10PCS

孤儿罕见病本体(orphanet rare disease ontology,ORDO)旨在为罕见病提供结构化的词汇表,以捕获疾病,基因和其他相关特征之间的关系,为罕见病的计算分析提供有用的资源。ORDO 有 14671 个条目,涵盖了 6 大类:发病年龄(age of onset)、临床实体(clinical entity)、流行病学(epidemiology)、遗传物质(genetic material)、地理(geography)和遗传(inheritance)。ORDO 从 6 个方面描述了罕见病相关的信息,而疾病的分类在临床实体的子类疾病(disease)中,遗憾的是,3.0 版本的 ORPD 没有将疾病进行分类。

除此之外,SNOMED CT 和 National Cancer Institute Thesaurus 也有同名本体,虽然囊括了疾病,但是其包含了其他医学相关的词汇,并非疾病本体,就不在此赘述了。

疾病本体可以用于疾病的分类,辅助医生进行诊断、治疗,规范化数据的格式。此外,还可以运用到文献搜索、文本挖掘的场景中。SCAIView 是一个语义搜索引擎,它提供了一个基于文本挖掘的环境,用于使用各种术语和本体从 PubMed 出版物中检索和提取信息[8]。通过 SCAIView 使用本体进行检索,可以相比于直接使用 PubMed 检索,获得更为精准的检索结果。

2.2.3.2　特定疾病本体

特定疾病本体囊括的疾病主要有心血管疾病、癌症、神经退行性疾病等常见的疾病,详见表2.4。除了描述疾病的本体,还有描述疾病更具体领域的本体,比如专门描述癌症分期的本体BCS8等。

表2.4　特定疾病本体

中文名	英文名	缩写	条目数	网址
阿尔茨海默病本体	Alzheimer's disease ontology	ADO	1565	http://bioportal. bioontology. org/ontologies/ADO
英法双语阿尔茨海默病及相关疾病本体	bilingual ontology of Alzheimer's disease and related diseases	ONTOAD	5899	http://bioportal. bioontology. org/ontologies/ONTOAD
心血管疾病本体	cardiovascular disease ontology	CVDO	518	http://bioportal. bioontology. org/ontologies/CVDO
慢性肾病本体	chronic kidney disease ontology	CKDO	280	http://bioportal. bioontology. org/ontologies/CKDO
冠状病毒感染疾病本体	coronavirus infectious disease ontology	CIDO	5138	http://bioportal. bioontology. org/ontologies/CIDO
人类皮肤病本体	human dermatological disease ontology	DERMO	3521	http://bioportal. bioontology. org/ontologies/DERMO
前列腺癌本体	prostate cancer ontology	PCAO	636	http://bioportal. bioontology. org/ontologies/PCAO
甲状腺癌本体	thyroid cancer ontology	TCO	578	http://bioportal. bioontology. org/ontologies/TCO

2.2.4　生活习惯本体

研究表明,不健康的生活方式和行为是大多数非感染性疾病的主要原因,占所有死亡人数的63%。事实上,80%以上的慢性病是可以通过健康的生活方式来避免的[9],50%的癌症实际上也是可以预防的[10]。近年来,对乳腺癌、结肠癌、前列腺癌等多种癌症患者生活方式的研究逐渐增多并引起广泛关注。

随着生活方式医学（lifestyle medicine）的发展，我们发现目前对生活方式的系统描述、注释和分类还没有统一的标准。由于复杂的层次文本属性和多样的标准，并非所有现有的生活方式数据都可以很容易地被检索出来进行新的研究。因此，迫切需要一个完整的系统方法来具体化和标准化生活方式的研究。

解决不同研究的语义冲突问题的一种常用策略是通过引入具有明确定义的模式术语的本体，通常称为基于本体的数据集成[11]。遗憾的是，目前对生活方式本体论的研究还很少。Benmimoune 等人曾提及生活方式本体论，但并未详细说明其结构或内容。国际语义网会议（The International Semantic Web Conference）对健康生活方式监测的语义技术进行了一些专门研究，如 HeLiS、PerKApp、FoodWik。然而，这些语义平台主要集中在饮食标准化和指导上。在这项工作之前，还没有针对特定疾病的生活方式本体论。

为了更有利于疾病的精准预防和管理，研究者需要通过循证系统分析，借助自然语言处理（natural language processing，NLP）、命名实体识别（named entity recognition，NER）及手工定性评估等，来明确和规范相关数据，将复杂的生活方式研究转化为对患者的无障碍指导。生活方式本体的目标是建立一套可互操作的本体论，共同涵盖特定疾病相关的个人、社会、环境和医学层面的生活方式。

方法如图 2.2 所示，构建过程主要遵循循证医学（evidence based medicine，EBM）的原则来筛选和整合生活方式及其相关属性；使用 Protégé 构建语义框架，然后将结果整合至生活方式本体的平台和门户网站等。

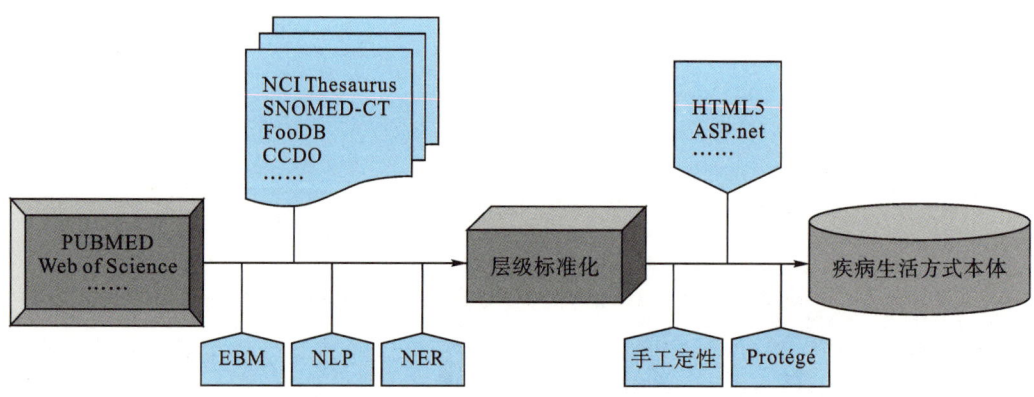

图 2.2　生活方式本体的工作流概述

2.2.4.1 数据收集

疾病生活方式数据的来源复杂,并呈现多样化,可以借助 PubMed、Web of Science 等公用数据库资源收集各类疾病相关的生活方式数据。通过系统制订的检索策略和要求进行筛选。检索词应涵盖疾病所相关的各类生活方式,如饮食、习惯、社会因素、环境、相关基因、生理生化指标,以及相应的疾病或药物治疗方案等。

此外,各类指南、疾病分类标准等也应该被包含在内,如世界癌症研究基金/美国癌症研究所(WCRF/AICR)第三次专家报告的不同版本,以尽可能地提取更多与特定疾病相关的生活方式的信息,包括研究的基线和结果。

2.2.4.2 数据标准化和注释

通过上述综合的研究文献综述,可以基本确定许多现有的生活方式。根据特定疾病的特性和分类原则,可以参照相应的标准确立数据的标准化规范。可以根据不同生活方式参照不同的规范,如营养与饮食相关标准参照联合国粮农组织(FAO)的标准,职业的标准化可以参照加拿大分类和职业词典(CCDO)的命名规则等,对所有收集到的生活方式项目的名称进行标准转换和整合。

每个生活方式具体项目的属性包括"首选名称""定义""同义词/缩写词""参考代码""参考 URL""PMID",以及由"保护因素""风险因素""无影响因素"组成的影响类型,"矛盾因素"或"不明确因素"(根据具体的结局指标手工定性)。这些属性可以从 SNOMED CT、NCI 同义词表和 FooDB 等常用的词汇和本体中提取和整合,实现疾病相关生活方式的标准化和可追溯性。

2.2.4.3 层次结构和模型构建

1. 层次结构

由于生活方式本体整体层次结构和模型构建缺乏明确和有效的参照,可以参照相关文献研究并加以扩展,比如以 Cuzick 中部分生活方式的结构框架[12]为总体参照,在研究过程中逐步扩充并建立标准化的层次结构框架。同时在有关专家指导下,逐步细化、扩大和完善分类框架。总体框架和分级如表 2.5 所示,共包括 8 个类别,涵盖了个人、社会、环境和医疗层面的广泛因素,涉及的亚组层级不等,最深的层级为营养素和生物活性食品成分,分类层级达到了 8 级。

表2.5 生活方式本体的总体分类及其亚组层级

一级类目	涉及的分级						
	2 级	3 级	4 级	5 级	6 级	7 级	8 级
人口统计学特征	√	√	0	0	0	0	0
生理特性	√	√	0	0	0	0	0
营养素和生物活性食品成分	√	√	√	√	√	√	√
食物和饮料	√	√	√	0	0	0	0
行为习惯	√	√	0	0	0	0	0
社会影响因素	√	√	0	0	0	0	0
环境因素	√	√	√	0	0	0	0
临床特征	√	√	√	√	0	0	0
合计	9	9	4	1	1	1	1

2. 分类框架

生活方式的术语表按总类别和子类别排列,参考粮农组织的营养和食品卫生标准以及临床医生的建议,采用自下而上的策略,对相关实体及其关系进行分类。使用Web 本体语言(OWL)作为表示语言,使用 Protégé - 5.0 - beta 本体编辑器编辑层级结构。

图2.3 以前列腺癌为例,参照上述分类方法,并借助 Protégé 构建的生活方式本体框架,同时展示了所涵盖的各类生活方式对前列腺癌发生的影响属性分布情况。其中保护因素占比 1.6%,危险因素占比 47.9%,无影响因素占比 0.3%,矛盾因素占比54.4%,不明确因素占比 38.9%。图 2.3B 中详细说明了所有被确定为保护性或危险因素的生活方式或相关因素。

2.2.4.4 交互平台构建

层级结构标准化后可以利用 HTML5 和 ASP、.NET 等技术构建生活方式本体服务平台,开发相应的智能终端平台和网页平台,为用户提供通过计算机或智能手机/平板电脑访问服务的机会。同时,可将生活方式本体上传到开放的生物医学本体库BioPortal。提供开放的数据接口,以促进生活方式本体与其他应用程序的交互和集成,这也符合本体论的现实主义。自主开发的生活方式本体平台可采用中英文双语服务,允许用户通过关键字进行相关生活方式的数据检索和显示。

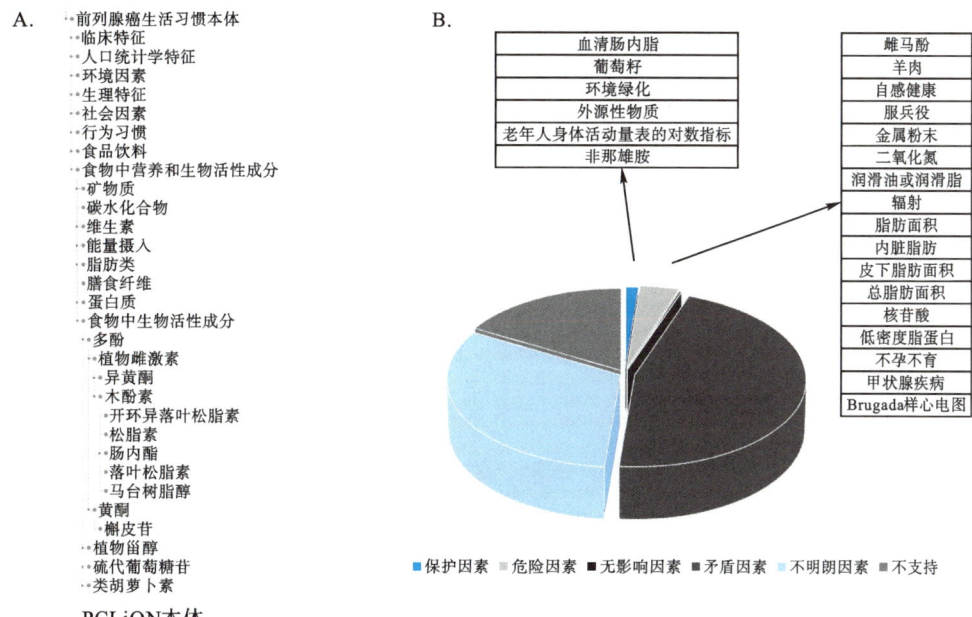

图 2.3　PCLiON 的层次结构(A)和生活方式影响类型的分布(B)

1. 网页版交互界面

为了促进本体驱动的知识转换,可以使用两个基于 Web 的查询平台,自主开发平台和公共平台。以前述前列腺癌生活方式本体为例,两个网页版平台分别是图 2.4 A1 和图 2.4 B1。用户友好的平台允许浏览搜索(图 2.4 A2/B2)和关键字搜索(图 2.4 A3/B3)以满足包括医务人员、研究人员和患者在内的不同用户的需求。

每个网站左侧的树结构导航列出了所有与前列腺癌相关的生活方式和层次结构。通过浏览和关键字搜索给出了两个具体的例子,用户可以快速查看"grapesed"和"soyone"对前列腺癌发病率的具体描述和影响类型(图 2.4 A4/B4)。

2. 智能终端系统

通过基于本体的在线智能终端信息系统,用户可以通过智能手机或平板电脑方便快捷地访问生活方式本体。图 2.5 以前列腺癌生活方式本体为例展示了智能终端的功能应用。

这个平台不是一个简单的 Web 版本的复制品。它更加直观,可以根据用户输入的关键字对系统进行优化。搜索结果显示在"查询"按钮下面。主要属性,如影响类

型,显示在醒目的图标和颜色标签,以便于用户使用。

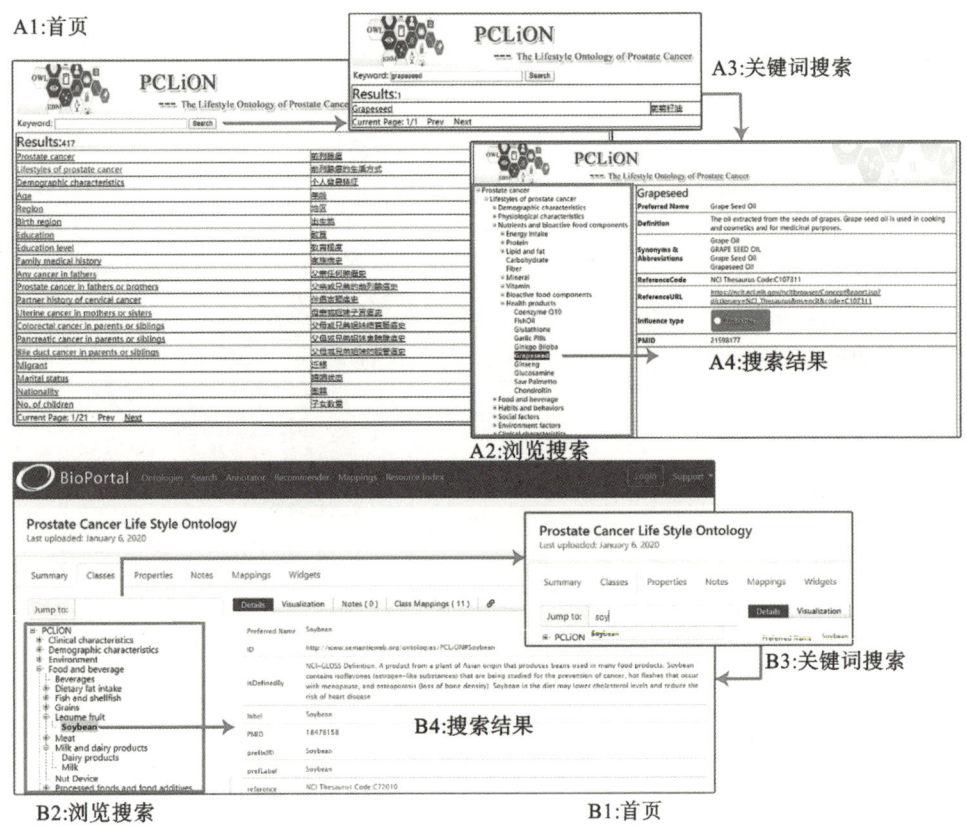

图 2.4　网页版交互界面

A1、B1:两个在线 Web 平台(自主开发/公开);A2、B2:浏览搜索界面;A3、B3:关键词搜索

界面;A4、B4:搜索结果界面。

2.2.4.5　生活方式本体的扩展应用

本体在生物医学领域中的应用主要集中在生物信息学、临床医学、医学信息学及人工智能 4 个方面,具体体现在蛋白组学、基因组学和计算生物学、临床决策支持系统和异构数据整合等方面的应用。

生活方式本体的应用主要体现在以下几方面。

1. 生活方式异构数据整合

疾病生活方式一般分布于独立开发、机构各异的各类综合生物学数据库中,限制了研究人员的具体研究。通过生活方式本体中的标准化术语对不同数据集合的元数据注释并进行术语统一,进而消除异质性,实现生活方式数据的整合。同时通过生活方式本体概念之间的简单术语匹配来解决整合异构知识元的问题,使用语义内容模式来指导源数据和目标域本体之间的映射。

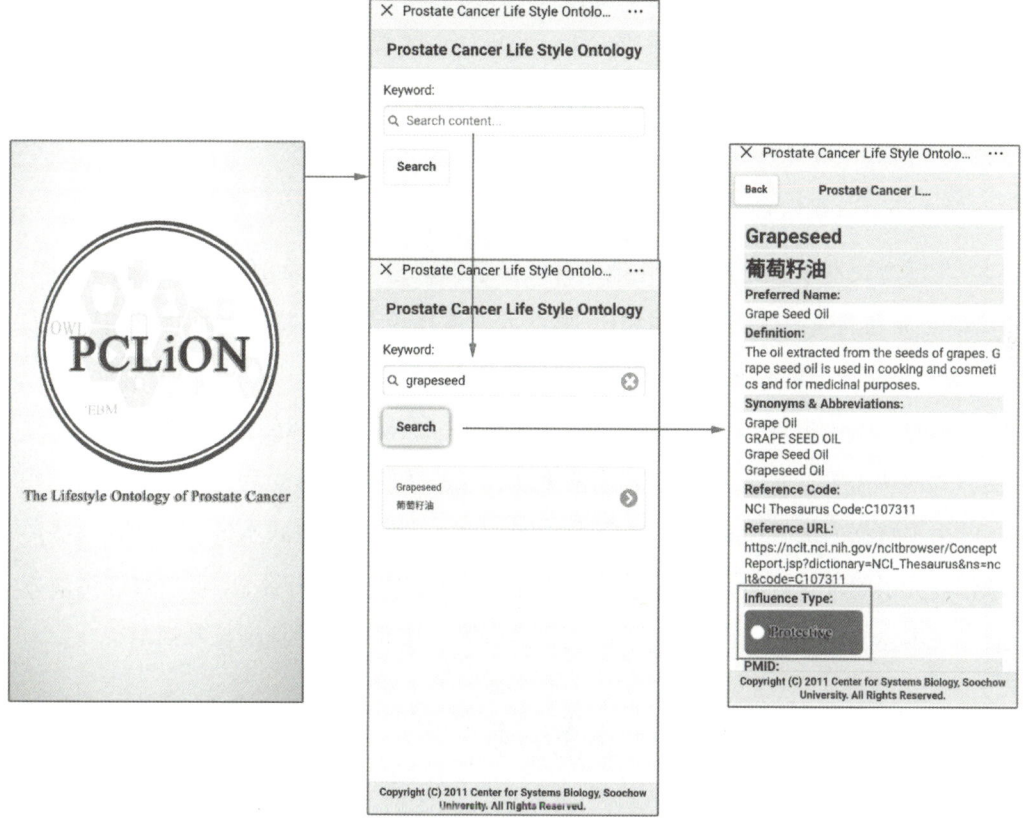

图2.5　前列腺生活方式本体的智能应用终端

2. 辅助支持临床决策的制订

参与医学(participatory medicine)和共享决策(shared decision making,SDM)要求向患者提供疾病预防生活方式指导。不幸的是,这种指导在大多数临床生活方式推荐中被严重忽视,这阻碍了患者参与自我生活方式管理。

生活方式本体将复杂生活方式的研究成果转化为规范、可靠、有用的知识。这可以极大地帮助医生在生活方式干预方面做出明智的决定,并指导患者进行生活方式自我管理,从而达到精准预防相关疾病的目标。

3. 基于生活方式本体的表型及疾病预测

一个人三餐的时间、是否熬夜、对食物种类的选择以及食物的摄入量等对人体肥胖都有不同程度的影响；另一个例子是经常上夜班的女性，患乳腺癌的概率更高，而且工作时间越长，每周夜班次数越多，就更容易患乳腺癌。由此可见，生活方式对表型及疾病的发生、发展具有重要的作用。通过对生活方式本体的研究，可以在一定程度上预测对人体表型及疾病的影响。并且，只有对生活方式本体研究进行充分完善，才能为针对性预防和治疗疾病提供有用的实践指导。

2.2.4.6　未来展望

生活方式本体明确并系统化地整合了特定疾病相关的生活方式数据。与 PDON、OntoMama 和其他个体疾病本体相比，生活方式本体规范了与特定疾病相关的生活方式术语，并实现了生活方式影响属性的循证评估。

随着证据的积累，对给定生活方式的评估可能会随着时间的推移而发展，因此生活方式本体需要不断更新，这符合当前生活方式医学的发展理念和方向。

由于数据的局限性和生活方式研究的复杂性，疾病生活方式本体仍然存在一些局限性。为了解决这些问题，需要持续改善生活方式的分层和特征，更新和改进生活方式相关本体，以便为生活方式医学研究提供更深入和准确的循证证据和规范。

2.3　本体、人工智能与信息安全

2.3.1　本体与人工智能

随着分子生物学逐渐成为数据密集型学科，本体已成为一种重要的计算工具，可协助组织、描述和分析数据。本体以可计算访问的方式描述科学领域中感兴趣的实体并对其进行分类，以便可以围绕它们开发算法和工具。与本体有关的基础技术源于基于逻辑的人工智能，它能够实现复杂的自动化推理和错误检测。

随着本体的成熟，人工智能技术开始变得有效，例如，基于若干个空白本体可改进内容的图像检索（CBIR），解决传统 CBIR 无法克服"语义鸿沟"的问题；基于本体和复杂网络方法能够辅助了解大肠癌药物的代谢途径；基于功能本体论的数学性质将为人工智能工具的应用铺平道路；基于本体的集成方法的附加值可用于表型与基因型间的关联挖掘;基于本体的人工智能模型可辅助预测药物的副作用;基于 ITEMAS 本体的人工智能推理技术,使得医疗中心受益于先进的分析功能,并定义最合适的创新策略。

目前,人工智能已经出现在本体中,它是正式表示和语义组织现实世界各个方面的关键工具。从另一个角度来看,人工智能技术也能很好地协同改善本体。Thomas Bittner 应用代表人工智能的定性空间信息技术,将规范解剖学某些方面的形式化表示整合到解剖学和生物医学本体中;K. R. Uthayan 采用人工智能领域热门的高级匹配算法改善本体领域中输入查询与信息之间的语义匹配结果;Guocai Chen 等人采用基于深度信念网络的方法预测药物协同作用,该方法根据基因表达,途径和本体指纹,证明了使用人工智能方法从文献和组学数据预测药物协同作用的可行性。

目前,出现了一些结合人工智能技术和本体的医学管理或决策的支持型系统,这些系统又可分为单智能体(single – agent)系统、多智能体(multi – agent)系统以及其他系统。

为弥补已有程序和医学系统间的集成、创建复杂系统时技术的可重用性等缺陷,Angel Jimenez – Molina 等人提出了慢性病患者支持系统 ProFUSO,该系统可以创建新的开发结果并做到轻松集成;为弥合患者和医护人员之间的差距,Ying Shen 等人提出用于传染病诊断和抗生素处方的本体驱动的临床决策支持系统 IDDAP,它使用机器学习(machine learning)技术在基层医疗服务点执行数据驱动的决策;Nathaniel R Greenbaum 等人提出基于特定领域本体和机器学习驱动的用户界面来改善结构化数据的捕获,本体使用合规性和数据质量;Yuki Yamagata 等人提出基于本体论的药物安全性评估系统,该系统可提供评估所需的全部信息并有助于风险情况下的决策;Jean – Baptiste Lamy 等人基于本体提出一种可解释的且可视化的抗生素治疗决策支持系统 XAI,优点是即使遇到未出现过的疾病,该系统也能辅助医生正确开具处方。

为了寻找确切的模型来解释疟疾媒介的传播,Guillaume Koum 等人提出了一个自适应多智能体两级系统 AMAS,该系统内部的智能方法满足分布式人工智能原理;Galina Samigulina 提出了一种多智能体系统,它使用本体论方法预测药物化合物的结构性质依赖性,优点是可以提高预测模型的准确性,并减少获得候选药物的时间和成本。

当前,对科学文献和内容的索引编制也是生命科学信息系统中的一个基本要求,然而以旧格式导航可用信息仍然是一个挑战。在这种背景下,出现了一种结合语义

Web 技术和人工智能技术限制文献爆炸和解决本体导航问题的新生信系统,该系统涉及文档传递和自然语言处理步骤,能够生成包含脂质的标记句子,并实例化为定制设计的脂质本体,提高了对实例化到本体中的文本挖掘算法的结果的高级查询访问效率[13]。

然而,由于生物医学信息学和人工智能界在"语义集成"和"知识表示"两大方面存在着一定的差距,导致了本体与人工智能的结合出现了新的挑战,尤其是知识库的设计和使用本体论的方法,例如对分布式语义注释数据集的查询,语义注释过程的效率,大型文本数据集的语义表示,与语义注释相关联的偏差的控制,以及对带有本体注释的数据的贝叶斯计算。

2.3.2　人工智能与生物医学信息安全

1948 年 12 月 10 日在法国巴黎举办的联合国大会通过的《世界人权宣言》将隐私定义为一项基本人权。然而,关于隐私的构成仍未达成共识。1996 年,美国颁布的《健康保险隐私及责任法案》中的"隐私权规则"定义了健康信息受法律保护的条件,以及如何取消标识受保护的健康信息以供二次使用。为了详细理解现代患者的隐私保护措施,需要分析和理解个人可识别信息、个人可识别健康信息、受保护的健康信息和取消身份识别的概念。信息学领域的人员由于通常在信息技术、工作流分析、实施科学或相关技能方面的专业知识而在隐私保护中发挥了较大的作用。从受保护的健康信息处于风险中的患者的角度看待隐私,将考虑范围扩大到:①感知到的隐私双重性;②在每个患者唯一的上下文中存在隐私;③隐私管理内在的竞争需求;④共享数据时需要特别考虑;⑤患者在全球范围内控制健康信息的需求[14]。

近年来,大数据已经成为智慧医疗领域的热门词汇,同时也带来了巨大的风险和挑战,即患者隐私的重大问题。因此需要考虑以下几个方面的问题:①考虑最优的健康隐私;②公平、知情同意和患者管理在数据收集中的重要性;③数据使用中的歧视;④如何处理数据泄露[15]。

随着人工智能和计算语言学的兴起,计算文本去识别算法输出的结果几乎等同于人类专家判定的结果,这种算法不但识别速度更快,而且基本上是免费的。现代临床文本去识别系统促进了大数据的发展,使学者能够访问已经去识别的临床信息,同时基本上保护了患者的隐私。为了最大限度地保护患者隐私并能做到从电子医疗系统中释放临床信息,医疗保健专业人员需要广泛地考虑如何在由数据共享驱动的医疗保健环境中保护隐私。此外,所有利益相关者,包括患者、卫生机构和审查委员会、学者和学界以及监管和执法部门必须做到紧密合作。一方面,公共卫生法律和隐私法规定义了规则和责任,例如请求和授予科学研究所需的临床信息量。另一方面,去标识系统的开发者公开了不同操作模式的指南,以最大限度地发挥工具的有效性和提高去标识的成功率。患者报告的隐私首选项,隐私的可移植性以及隐私保留功能的更高透明度是确保满足隐私法规和保留隐私的潜在要求。在满足这些要求的同时,为了向科学界打开大数据之门,还需要科学界、地方、隐私安全立法者及政府机构支持医疗机构进行身份识别和数据共享[16]。

尽管机器学习方法具有实现个性化医疗应用的前景,但是在多数情况下,有关患者数据隐私的严格规定阻碍了基于深度学习的解决方案在临床工作中的普及。Anamaria Vizitiu 等人提出了依赖于完全同态加密的解决方案,该方案能够对敏感临床数据进行计算而无须透露基础数据。该方案选择的加密方案变体允许在浮点数上直接执行神经网络计算,同时计算开销较小。为了进行可行性评估,作者在加密数据上训练全身循环模型(whole body circulation model)来解决更复杂的任务,结果表明,在合理的时间内将可比较的结果传递给未加密的基于深度学习的解决方案,突显了所提出的方法优于其他解决方案的潜力。

近年来,深度学习也在人工智能领域取得了令人瞩目的成果。但是,深度神经网络的训练过程也可能会泄露个人隐私。给定目标个体的模型和一些背景资料,入侵者可能会恶意地推断目标个体(target individual)的敏感特征,所以必须将敏感信息保存在训练数据中。差异隐私是提供数据隐私保证的最新技术范例,它可以保护私有和敏感信息免受入侵者的攻击。然而,现有的基于差异隐私的保护模型并不令人满意,因为这些方法往往向参数注入相同数量的噪声来保留敏感信息,这可能会影响程序与隐私保护之间的权衡。为解决差异隐私存在的问题,Maoguo Gong 等人提出了一种通用的差分私有深度神经网络学习模型,该模型根据不同层中神经元间的相关性和模型输出来影响梯度的变化,旨在缩小私有模型与公开模型之间的距离,同时为敏感信息提供有效的隐私保证。

与此同时,临床数据安全作为生物安全信息学的一部分,同样需要受到关注。

2015 年,国家发展和改革委员会发布了《国家发展改革委关于实施新兴产业重大工程包的通知》,支持各区域间医疗产业的共享,促进医疗领域的信息共享和制度对接。

临床数据包含一系列的医保数据、电子病例数据、临床试验数据等,医保数据和电子病例数据包含了个人从入院到检查、治疗结束以及支付完成的整个过程中所产生的信息,例如,个人的姓名、居住地址、出生日期、身份证号、社保卡号、手机号、临床诊断数据及治疗结果等。这些数据和信息包含着对生物和临床领域的重要价值。有研究报告对这些医疗大数据的分析和使用,每年为美国产生 3000 亿美元的价值,并减少高达 8% 的全国医疗保健支出[17]。因此,医疗大数据作为巨大的社会和经济效益来源,具有不可忽视的重要地位,通过数据统计和挖掘,可开发和疾病预测模型、药品研发、个性化医疗、临床抉择支持、流行病预报与监测、远程患者的数据分析及人口统计学分析相关的应用领域[18]。临床试验数据作为疾病治疗、新药研发、医疗器械研发环节中的重要资源,保护其不被泄露和利用更是科研工作中的重要一环。

随着大数据、云计算等技术的发展以及共享意识的普及,临床数据从以前的封闭状态逐渐向开放共享的趋势发展。然而,由于不法攻击者在此环境下更容易收集、关联和利用个人的隐私信息,信息安全的挑战也随之而来,个体隐私信息遭到泄露成为常见现象。目前,基于对临床数据安全的重视,我国相继发布实施了一系列的信息安全条例。2016 年,第十二届全国人民代表大会常务委员会第二十四次会议通过了我国为加强网络安全管理而制定的《中华人民共和国网络安全法》,由此说明国家对保护互联网信息安全已越来越重视。然而,目前我国尚未设立与大数据个人隐私保护相关的法律法规。同时,也缺乏临床数据标准的设立和规范。从而形成了临床数据标准不统一、权属不清晰的问题,成为临床数据保护的障碍。

基于对临床数据的保护,各国采取了一系列的措施。美国国会在 1996 年就颁发了《健康保险流通与责任法案》(Health Insurance Portability and Accountability Act, HIPAA),要求任何利用个人临床数据的主体都需遵守该条例的要求和规定。HIPAA 建立了"敏感个人健康信息"(protected health information)的概念,敏感个人健康信息在使用前必须经过匿名处理;第三方医疗信息服务商在与医院合作的过程中必须保证临床数据不被泄露,并且在合作中止时服务商的临床数据要求立即被销毁;与医院合作的服务商和运营商有义务对个人隐私数据进行技术加密。除此之外,美国也利用了其他相关行政手段(如数据访问授权、商业化限制等)来保护个人的临床数据[19-20]。

与美国类似,英国医疗和社会保健信息中心(Health and Social Care Information Centre,HSCIC)规定在对外提供临床数据之前,需要对数据进行"脱敏",即匿名处理。2013 年,法国通信运营商 Orange 联合其他公司,专门为医疗部门研发了移动身份管理系统。该系统可以通过建立 SIM 卡和医生唯一身份识别号之间的关联,实现身份认证,从而为患者临床数据的获取提供安全保障。

针对在临床试验期间对参与者的安全和治疗效果数据进行监测,美国成立了独立的专家小组,被称为数据监控委员会(Data Monitoring Committee,DMC)或数据和安全监控委员会(Data and Safety Monitoring Board,DSMB)。随着新型冠状病毒感染的流行与爆发,该委员会在监测大量临床试验的过程中开始更加注重保护参与者的个人信息。DSMB 的主要责任是保护研究参与者,但如果数据被泄露,会对参与者带来不可忽视的风险。因此,保护数据收集的完整性也是 DSMB 成员最关心的问题[21]。

为了保障我国临床数据安全,可以从两个方面着手进行研究。

(1)从技术方面。需要结合大数据和云计算等技术来实现数据加密、访问授权和数据脱敏。例如,在提供电子病例数据时,需要对数据进行加密,电子病例的接收方则根据一定的规则进行解密,从而保证了电子病例数据在传输过程中的安全性;不同的信息使用者在访问临床数据时权限应有不同(如医生、科研人员、商业服务运营商具有不同的数据权限);个体的敏感信息需要进行脱敏处理/匿名处理,甚至可以添加干扰信息进行故意混淆,使得使用者无法通过其他信息来推断出个人的真实身份信息等,实现对个体的隐私保护。

(2)从法律方面。从政府层面来看,相关部门应针对互联网大数据背景下个人隐私保护问题出台相关法律和政策。法律和法规是个人隐私和权益受到侵犯时借以申诉的重要保证。2016 年通过的《中华人民共和国网络安全法》有效地遏制了近年来的个人信息泄露行为,并明确了相关的惩罚措施。然而,我国仍然缺少大数据个人隐私泄露相关的具体法律法规,尤其是医疗临床领域。在这方面,我国应继续完善相关法律和条例。

(郁春江　刘行云　陈亚兰)

参考文献

[1] ASHBURNER M, BALL C A, BLAKE J A, et al. Gene ontology:tool for the

unification of biology. The Gene Ontology Consortium ［J］. Nat Genet, 2000, 25 (1): 25 –29.

［2］ THE GENE ONTOLOGY C. The Gene Ontology Resource: 20 years and still going strong ［J］. Nucleic acids research, 2019, 47(D1): D330 –D338.

［3］ HILL D P, SMITH B, MCANDREWS – HILL M S, et al. Gene Ontology annotations: what they mean and where they come from ［J］. BMC Bioinformatics, 2008, 9 (Suppl 5):S2.

［4］ RHEE S Y, WOOD V, DOLINSKI K, et al. Use and misuse of the gene ontology annotations ［J］. Nat Rev Genet, 2008, 9(7): 509 –515.

［5］ ROBINSON P N, KOHLER S, BAUER S, et al. The Human Phenotype Ontology: a tool for annotating and analyzing human hereditary disease ［J］. Am J Hum Genet, 2008, 83(5): 610 –615.

［6］ MCCRAY A T, TREVVETT P, FROST H R. Modeling the autism spectrum disorder phenotype ［J］. Neuroinformatics, 2014, 12(2): 291 –305.

［7］ SCHRIML L M, MITRAKA E, MUNRO J, et al. Human Disease Ontology 2018 update: classification, content and workflow expansion ［J］. Nucleic Acids Res, 2019, 47(D1): D955 –D962.

［8］ FRIEDRICH C M, DACH H, GATTERMAYER T, et al. @ neuLink: a service – oriented application for biomedical knowledge discovery ［J］. Studies in health technology and informatics, 2008, 138:165 –72.

［9］ BODAI B I, NAKATA T E, WONG W T, et al. Lifestyle Medicine: A Brief Review of Its Dramatic Impact on Health and Survival ［J］. The Permanente journal, 2018, 22:17 –25.

［10］ COYLE Y M. Lifestyle, genes, and cancer ［J］. Methods in molecular biology (Clifton, NJ), 2009, 472:25 –56.

［11］ KOCK – SCHOPPENHAUER A K, KAMANN C, ULRICH H, et al. Linked Data Applications Through Ontology Based Data Access in Clinical Research ［J］. Studies in health technology and informatics, 2017, 235:131 –135.

［12］ CUZICK J. Preventive therapy for cancer ［J］. The Lancet Oncology, 2017, 18(8):

e472 – e482.

[13] BAKER C J O, KANAGASABAI R, ANG W T, et al. Towards ontology – driven navigation of the lipid bibliosphere[J]. BMC Bioinformatics, 2008, 9(1):55.

[14] PETERSEN C. Through patients' eyes: regulation, technology, privacy, and the future [J]. Yearbook of medical informatics, 2018, 27(1): 10.

[15] PRICE W N, COHEN I G. Privacy in the age of medical big data [J]. Nature medicine, 2019, 25(1): 37 – 43.

[16] KAYAALP M. Patient privacy in the era of big data [J]. Balkan medical journal, 2018, 35(1): 8.

[17] 高汉松, 肖凌, 许德玮 等. 基于云计算的医疗大数据挖掘平台 [J]. 中兴通讯技术, 2013, 34(5): 7 – 12.

[18] 张昌明, 朱红. 大数据及其在医疗领域的应用 [J]. 中国医学教育技术, 2015, (3): 294 – 297.

[19] ROSENBAUM S J, GOLDSTEIN M M, REPASCH L, et al. Health information technology in the United States: on the cusp of change, 2009 [J]. Journal of the Royal Society of Medicine, 2009, 91(4): 202 – 203.

[20] LACAGNINA S. Lifestyle Medicine: a revolution or a revelation? [J]. American journal of lifestyle medicine, 2018, 12(5): 360 – 362.

[21] BARNBAUM D R. Data safety monitoring during COVID – 19: keep on keeping on [J]. Ethics Hum Res, 2020, 42(3): 43 – 44.

第3章
生物数据库和知识库与安全

3.1　个人基因组与疾病和知识库

始于 1990 年的大规模人类基因组计划（Human Genome Project）是从大量个体中获取基因信息，然后构建一个具有"参考价值"的"平均"人类基因组（human genome）[1]。然而，每个人的基因都是独一无二的，并且随着 DNA 测序和大数据分析技术算法的进步，进行基因检测的成本也在随之大幅下降，不管是从经济角度还是从技术手段方面，人们都可以根据自己的意愿了解自己的基因组信息，人类从此迈入了个人基因组（personal genome）时代。

自 2007 年以来，在人类基因组计划完成的第一个欧洲序列的基础上，基因组学家陆续发表了完整的个人基因组序列。例如，Celera Genomics 公司创始人 Craig Venter 利用经典的桑格测序技术测定了自己的基因组序列，454 生命科学公司用二代测序仪对詹姆斯·沃森（James Watson）博士的全基因组序列进行测定，由我国科研团队完成的首个匿名的亚洲全基因组序列于 2008 年 11 月 6 日发表在 *Nature* 杂志上，以及 2009 年韩国首尔国立大学医学研究中心基因组医学研究所发表了一个韩国个体的全基因组序列等。

2008 年初,我国深圳华大基因研究院、美国国立人类基因组研究所以及英国桑格研究所等多家研究机构共同启动了一项大规模测序计划——"国际千人基因组计划"。在该研究计划中,科学家将对全球各地至少 2500 个个体的基因组进行测序,绘制迄今为止最详尽、最有医学应用价值的人类基因组遗传多态性图谱,探索基因与人类疾病之间的关系[2]。除了多个国家合作的千人基因组计划外,Craig Venter 博士已完成了 10545 例美国志愿者的基因组测定,该项目由 Google 公司资助。人类基因组计划耗资 30 亿美元,每个碱基的平均成本约为 1 美元。随着该计划和许多其他研究的发展,在第一代测序技术晚期,测序成本已降至每百万碱基 10000 美元。自 2007 年以来,二代测序技术已逐渐成熟,其应用仍在迅速发展,单次测序数据量不断增加,平均成本已大大降低。可以预计,随着测序成本的下降,未来将有越来越多的个人基因组图谱被绘制,医生可根据该基因组图谱更准确地诊断和治疗患者,并且更有可能在发病前进行必要的干预,甚至可以基于此基因组图谱为个人设计药物,确保药物发挥更大疗效以及尽可能减少副作用。

许多疾病都与遗传基因密切相关,如白化病、抗维生素 D 佝偻病、色盲、原发性高血压、1 型糖尿病、唐氏综合征等。常见疾病通常具有多种致病因素,而这经常是由多种基因和环境因素引起的。基因组数据为理解遗传变异对健康和疾病的影响提供了重要的信息资源。虽然现在已经绘制出人类的基因组图谱,但每个人的基因组之间仍有较大差异。人体细胞中 DNA 就像一根线,了解每个人"生命线"中的差异,有利于提高疾病的治疗效率。同一药物应用于不同患者时,往往治疗效果差异较大,正是因为个体间基因型存在差异,一种药品不可能适应所有的基因型。个人基因组图谱对识别常见疾病、家族特征、遗传致病基因、常用药物疗效以及不良反应有关的遗传易感性具有重要意义。对个人基因组进行测序不仅可以帮助预测个体感染某种疾病的可能性,而且还可以进行个性化治疗和药物选择以获得最大的治疗效果。不仅如此,个人基因组图谱对健康人也具有重要意义。借助个人基因图谱,不仅可以提早预测个人的健康风险,开启治未病时代,还可以改变不良的生活习惯,从而促进健康,延长寿命。

随着基因测序技术与医学大数据研究的发展,极大程度上推动了个人基因组与疾病知识库的发展进程,有助于理解遗传组学与表型组学之间的关系,为疾病的研究以及个性化治疗提供了宝贵的资源,更促进了个人基因组时代的到来。目前,国内外已构建了许多相关知识库,为医学科研工作者以及临床工作人员提供了极大的便利以及

极大程度上促进了个人基因组的发展。自千人基因组计划（1000 genomes project，1 KGP）第一阶段研究成果公布以来，千人基因组数据库 IGSR（The International Genome Sample Resource）在各种癌症基因组和遗传性疾病等的研究方面得到了广泛的应用，该数据库提供的详尽而精确的研究结果以及在不同种族个体中发现的与功能相关的罕见、低频以及常见变异信息，为人类医学疾病研究提供宝贵的资源[3]。由澳大利亚加文医学研究所、蒙纳士大学 ASPREE 项目和萨克斯研究所共同创建的医学基因组参考库 MGRB（Medical Genome Reference Bank），是一个用于收集健康老年人全基因组信息的数据库。MGRB 数据库为健康相关研究和临床遗传学提供了一个可访问的数据资源，也为研究健康老龄化的遗传学提供了一个强有力的平台。MGRB 数据库的数据来源于两个澳大利亚社区团体招募的 4000 名健康的老年人，其大部分是欧洲血统。每位参与者的年龄不小于 70 岁，且无癌症、痴呆或心血管疾病等。该数据库采用分层数据管理系统来维护参与者隐私和机密性的同时，最大限度地提高数据库的研究和临床使用，为临床和基因研究提供了宝贵的资源[4]。Chakravarty 等人在 *JCO Precis Oncol* 杂志发表了一个肿瘤学综合知识库——OncoKB（Oncology Knowledge Base），为肿瘤学家提供了详细的、基于证据的关于患者肿瘤个体体细胞突变和结构改变的信息，其目的为选择最优的治疗提供决策支持。该数据库中已有 418 个癌症相关基因，超过 3000 个特殊的突变、融合和拷贝数改变已被注释。研究者通过自然语言处理方法和多维分析方法收集了与胃肠道癌症相关的基因，构建了 GIDB（Gastrointestinal Cancer Knowledge Database，PMID：31089686）知识库。该知识库涵盖了来自文献和数据支持的 8730 个基因信息，包括 248 个微小 RNA（microRNA）、58 个长链非编码 RNA（long - non coding RNA）、320 个拷贝数变异、49 个融合基因及 2381 个语义网络。GIDB 知识库旨在收集有关胃肠道癌症的基因和疾病之间的关联、分子改变以及临床特征信息，有助于理解肿瘤发生的分子机制，并为潜在的生物标记物确定优先级，有利于进一步的深入研究以及推动精准医学。

如今，我们仅处于个人基因组时代的开端，个人基因组大时代即将来临。而此时，我们处在发展中的转折期、关键期，信息安全问题仍是个人基因组及其知识库的发展的一个重大挑战。个人基因组信息是否公开，公开后是否会造成个人隐私信息泄露，加上法医鉴定技术的发展，匿名化越来越困难，如何在保护个人隐私情况下，实现个人基因组信息共享，是未来研究的挑战。

3.2　微生物数据库与安全

微生物是地球上分布最广、种类最繁多、多样性最丰富的生物资源。微生物主要包括细菌、真菌和病毒等。在我们所生活的土壤、水、空气甚至海底的火山口都存在着形形色色的微生物,我们人体的口腔呼吸道、消化道、生殖道以及皮肤等各处都分布着微生物。据估计,微生物目前占地球生物总量的一半以上,对我们每个人而言,个人携带的微生物细胞的数量与人体细胞的比例接近 1∶1 [5],人体微生物的基因数量甚至是个人基因数量的 200 倍以上。自从人类微生物组计划(The Human Microbiome Project,HMP)开展以来,相继进行了多个重要的微生物相关的研究项目,使得微生物数据呈指数增长。

大数据给我们的数据挖掘、信息收集、知识获取带来机遇的同时,也给我们在数据的收集、存储、计算以及个人隐私等方面带来了挑战。建立标准化的数据库和知识库是生物医学大数据应用的前提,通过建立数据库和知识库使得我们的数据能够以标准、规范的形式存储和应用。然而,目前生物医学数据库中存在的数据治理和隐私保护等安全问题突出,数据的收集、处理不规范;不同数据库之间的数据缺乏有效的"互动";数据的隐私保护没有得到充分的重视,我们甚至可以通过微生物的 DNA 识别出具体的个人信息[6]。因此,本节将从微生物数据库角度探讨数据的安全以及隐私保护等。

3.2.1　微生物领域的数据库

近十多年来,计算设备的高速发展、下一代测序技术以及计算方法学的深入,产生了海量的微生物学数据。本节从微生物资源库、微生物参考基因组、人体相关的微生物数据库以及微生物功能基因组等不同的角度总结了现有的主要微生物数据库(表3.1)。

生物安全信息学
BIOSAFETY INFORMATICS

表 3.1　主要微生物数据库分类及介绍

分类	数据库名称	简介	链接
资源存档	NCBI – SRA	美国国立卫生研究院的核酸存档数据库	https://www.ncbi.nlm.nih.gov/sra
	NMDC	中国国家微生物科学数据中心	https://nmdc.cn
	IMG/M	美国能源部微生物基因组数据库	https://img.jgi.doe.gov
	EBI – MGnify	欧洲生物信息中心宏基因组学数据平台	https://www.ebi.ac.uk/metagenomics
参考基因组	SILVA	核糖体 RNA 参考基因数据库	https://www.arb – silva.de
	NCBI – RefSeq	NCBI 物种参考基因组数据库	http://www.ncbi.nlm.nih.gov/genome
人体相关微生物	gutMEGA	肠道微生物宏基因组和宏转录组数据库	http://gutmega.omicsbio.info/
	HOMD	人类口腔微生物组数据库	https://www.homd.org
	VIRGO	阴道微生物宏基因组数据库	http://virgo.igs.umaryland.edu
	GutMDisorder	肠道微生物失调和疾病数据库	http://bio – computing.hrbmu.edu.cn/gutMDisorder/
功能基因组	VFDB	致病菌的毒力因子数据库	http://www.mgc.ac.cn/VFs/
	antiSMASH	微生物次级代谢产物	https://antismash – db.secondarymetabolites.org/
	CARD	微生物抗生素抗性基因	https://card.mcmaster.ca/
	CAZy	碳水化合物活性酶	http://www.cazy.org/

微生物组学数据资源存档数据库主要是收集、整理、归档现有微生物学数据的资源整合平台,兼顾一些基本的微生物生物信息学分析功能。这类数据库要求存储量大以及足够安全的存储设备,所以主要是以各个国家、部门以及大型科学研究中心为依托建立的。我国的国家微生物科学数据中心于 2019 年由中国科学院微生物研究所牵头成立[7],是一个包含微生物数据、微生物组学数据、微生物安全等在内的综合微生物资源平台。类似的还有美国国立卫生研究院(NCBI)建立的核酸数据存档平台,以及美国能源部和欧洲生物信息学中心建立的微生物组学资源平台。

微生物参考基因组是我们区分微生物与其他生物,进行微生物种属分类的科学依据。现有对微生物的生物信息学研究主要分为扩增子标记基因研究以及鸟枪法宏基因组学研究。其中扩增子标记基因研究以细菌的 16S 核糖体 RNA（16S rRNA）为代表，通过将微生物组中 16S rRNA 与参考数据库 SILVA 或 RDP 等比对，获取物种的种属信息。鸟枪法测序则是将微生物群落中所有物种的基因信息提取出来，得到不同基因的分类和数量信息，在此基础上研究微生物的物种多样性与功能多样性。

微生物与人紧密联系在一起，在人身体的各个部位生活着种类繁多的微生物，它们参与了人体生命活动的诸多环节，共同构成了人体微生物组。科研人员通过收集、整理微生物相关科学文献，用规范标准的格式建立了肠道、口腔、阴道这三个重要部位的微生物数据库。其中 HOMD 为口腔微生物数据库，gutMEGA 为肠道微生物宏基因组数据库[8]，VIRGO 为阴道微生物宏基因组和宏转录组数据库[9]；另外，哈尔滨医科大学的研究人员，阅读肠道微生物与疾病相关的文献，建立了肠道菌群的生态失调的全面数据库——GutMDisorder[10]，该数据库记录了 500 多种肠道微生物与 123 种人类疾病的关联。

微生物功能基因组数据库是对微生物基因组的深层次分析，分类整理不同功能的微生物基因。功能基因组数据库根据微生物基因特异性，收集、产生了致病菌毒力因子数据库 VFDB[11]、微生物次级代谢产物数据库 antiSMASH[12]、抗生素抗性基因数据库 CARD[13] 以及微生物的碳水化合物活性酶数据库 CAZy[14]。这些数据库分别从微生物的不同基因功能层面解析、分析微生物的数据。

3.2.2 微生物信息安全

大数据、复杂算法的产生是机遇与挑战并存的。微生物信息的安全存在巨大的挑战。在我们收集人体微生物数据的时候，不可避免地会牵扯到个人的基因组数据，Sasha K. Ames 等人在分析 HMP 数据的时候发现 95% 的样本中含有人类基因组数据，甚至部分样本含有高达 10% 的基因组数据。从法医学的角度研究，可以通过人皮肤的微生物分析识别个人[15]。从城市下水道污水中提取的微生物能够判断该微生物是否来源于人的粪便，而且能预测宿主肥胖与否，准确率达 80% 以上。

针对以上微生物信息安全问题，也有一些解决的方案。如 M. D. Czajkowski 等构建了生物信息学的软件工具 GenCoF，高效地过滤微生物组数据中的人类基因组数据。Justin Wagner 及其同事通过安全计算的隐私保护框架分析微生物组数据[16]，该框架

允许在不显示任何个人特异性数据前提下对组学数据进行整合分析。

3.3 生活习惯数据库与知识库——以 PCaLiStDB 为例

PCaLiStDB 全称为 prostate cancer related lifestyle database，中文名为前列腺癌的生活方式数据库。

目前的研究表明，大多数癌症是遗传基因异常的结果，然而90%的恶性肿瘤源于我们的生活方式和环境暴露。80%以上的慢性病可以通过健康的生活方式来避免。生活方式精准医学（lifestyle precision medicine，LPM）在预防慢性病的发病和延缓疾病进展方面似乎是合理的，尽管实现这一目标的最佳干预措施尚未在文献中得到充分的记录。

生活方式对不同个体疾病的发生和发展有非常复杂的影响，有的可以降低疾病的发生，有的会促使疾病的发生，有的作为单一影响因素，更多的是多种因素的综合作用，有些生活方式甚至在不同基因型的个体中扮演着不同的角色[17]。

可惜的是，目前还没有专门关于生活方式的数据库和知识库可以提供疾病的综合生活方式全关联研究（lifestyle–wide association studies，LWAS）。特别是，生活方式干预在预防疾病进展方面的益处尚未被完全确定。大多数生活方式研究都是基于全国性的综合类数据库[18]。Exposome Explorer[19]是一种稍有针对性的类似数据库，但它是暴露于饮食和环境因素的生物标记物数据库。

为了获得生活方式的全关联研究，需要构建疾病相关生活方式数据库和知识库，从海量数据中"发现"有价值的信息，确定生活方式与疾病之间的系统性和深层次的研究，告诉人们"该怎么做""如何做"，并继续发展鼓励促进人类健康的方法。

3.3.1 生活方式数据库和知识库的数据源及标准化

3.3.1.1 数据获取

1. 检索策略

通过在 PubMed 和 Web of Science 上搜索英文版的同行评议期刊上发表的特定疾病生活方式相关研究，对文献进行系统的回顾。检索词包括"特定疾病"的各种形式，"risk factor"，lifestyle，vitamin smoke，wine，tea，coffee，diet，dairy，nutrient*，alcohol，fruit， vegetable，environment，sleep，social，"sun exposure"，folate，"birth weight"，carotene，fiber，fried，carbohydrate 等（根据疾病的不同类型，具体生活方式的检索词会有所变化）。此外，系统分析所获参考文献列表中的研究，补充相关研究的基线资料，并在此基础上检索补充其他可能符合条件的研究。

2. 纳入与排除标准

查阅与生活方式相关的资料与文献，建立标准词库，根据词库概念的上下、从属关系建立分类体系，并进行分类编码；构建资料与文献的纳入及排除标准。例如，纳入"生活方式与疾病引发风险的相关性研究""生活方式的改变干预临床疾病治疗的研究""不同的生活方式对社会群体的影响"等，排除"综述类文献""研究资料缺失和质量差的文献"等。

3.3.1.2　数据筛选和提取

经过纳入和排除标准对文献进行初步数据筛选之后，所有包含和排除的研究都用特定的符号（如不同的组名或符号）进行标记，以确保数据的可追溯性和更新。例如，一些研究的数据仅仅是三分或四分位数，没有明确的范围和界值。对于不确定的数据要做相应的标记，以方便日后的更新或修改。

根据需要设计包含相应信息的试验表，以提取每个研究的主要信息、基线和结果。在数据提取之前，需要对数据和单元格式进行统一标准化，以便在数据录入过程中统一和快速地输入，并灵活修改。

3.3.1.3　预处理及标准化注释

由于缺乏与特定疾病相关的总体生活方式的定义和分类标准，基于 Cuzick 的研究建立了特定疾病相关生活方式的分类框架[20]。根据世界癌症研究基金会/美国癌症研究所（The World Cancer Research Fund/American Institute for Cancer Research，WCRF/AICR）的第三份专家报告[21-22]，扩展了生活方式的定义。

在完成总体分类框架时，对数据库和知识库中包含的所有生活方式进行了人工细化和分类，并通过预设程序（$P < 0.05$）对基于 P 值的生活方式属性进行了定性分析（$P < 0.05$），目前生活方式数据库和知识库中涵盖的影响类型主要包括保护因素、危险因素、不相关因素和矛盾因素，以及目前没有统计意义的生活方式等。此外，根据 P 值和95% 置信区间（confidence interval，CI），将影响的风险水平分为弱相关性、中相关

性、强相关性和极强相关性。

3.3.2 生活方式及其亚组的属性分类

生活方式及其亚组的属性分类采用人工定性：首先，根据 P 值和效应值的大小，完成所有文献中生活方式及其亚组的属性分类，包括危险因素、保护因素、不相关因素和不明确因素（$P > 0.05$）。其次，在对单个文献中涉及的所有生活方式进行定性分析后，根据相关文献中的结论对生活方式及其亚组进行综合定性，单个文献中生活方式属性及总体属性定性标准如表3.2和表3.3所示。

表3.2　单个文献中生活方式属性的判定及其定级标准

效应类型	P 值	效应指数	影响等级	影响程度
保护因素	$P < 0.05$	$0.9 \leqslant a < 1.0$	轻	☆
		$0.7 \leqslant a < 0.9$	中	☆☆
		$a < 0.7$	强	☆☆☆
不相关因素	$P < 0.05$	$1.0 \leqslant a < 1.2$	—	—
危险因素	$P < 0.05$	$1.2 \leqslant a < 1.5$	轻	☆
		$1.5 \leqslant a < 3.0$	中	☆☆
		$3.0 \leqslant a < 10.0$	强	☆☆☆
		$a \geqslant 10.0$	极强	☆☆☆☆
不明确因素	$P > 0.05$	无统计显著性因素		
矛盾因素	$P < 0.05$	在不同文献中，关于某种生活方式或亚组的结论有两个以上		

注：a 为效应指数的值，即原始数据（a,b,c）中的 a。

☆表示这一生活方式与疾病的相关程度，☆的数量越多，这种生活方式对疾病的影响越强。

表3.3　生活方式总体影响属性的判定标准及其分类属性

影响因素的类型	分类标准
保护因素	所有相关文献都将其视为保护因素
危险因素	所有相关文献都将其视为危险因素
不相关因素	所有相关文献都将其视为不相关因素
矛盾因素	在所有相关文献中，影响类型有两种以上（保护性/风险性/无影响性）
不明确因素	在任何相关文献中都没有统计意义的结论

3.3.3 生活方式数据库和知识库的构建

目前,关于数据库和知识库的构建方法有很多,本部分主要介绍借助 MySQL server、Apache、PHP、HTML 和 JavaScript 来构建生活方式数据库和知识库。Web 操作都是在 Windows 操作系统中实现的,所有数据统计和分析都是由不同的程序代码来完成。

数据质量按各阶段标准进行控制。当数据不一致时,数据库总管理员负责协调和确认数据的准确性及进行相应的修改,防止数据遗漏、重复,保证数据的完整性。

收集的主要信息包括 PMID、队列名称、研究类型、研究持续时间、样本量以及每个研究的影响名称。此外,生活方式数据库和知识库中还提供研究的主要基线数据和结果。

原始数据与实体之间的关系可以是一对一、一对多、多对多的关系。生活方式数据库和知识库中主要有三张信息表,所有表中的信息都通过内部结构进行关联,如图3.1 所示。

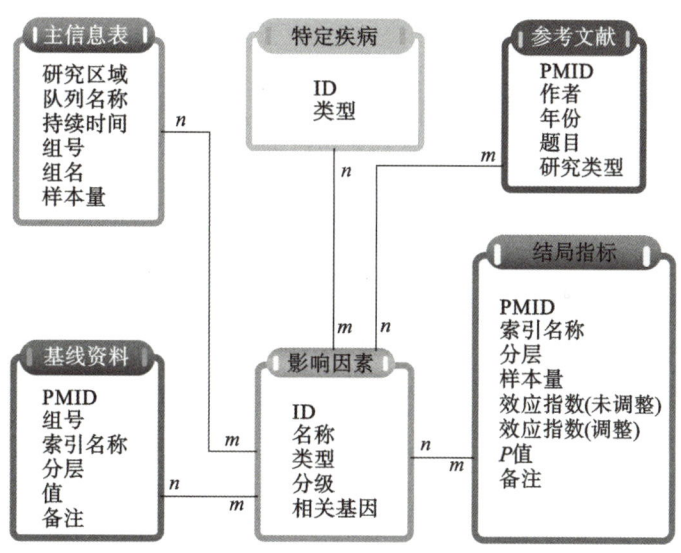

图3.1 生活方式数据库与知识库设计实体联系 E - R 图

3.3.4 生活方式数据库和知识库的应用

考虑到本平台的用户不仅有医务人员,还有普通大众。在注重生活方式数据库和知识库的科学性和可持续性的同时,还应注重界面的简洁性、方便性、交互性和知识的普及性。

首页("Home page")(图 3.2A)主要介绍数据库平台的内容和功能,力求让用户一眼就知道我们的平台。以前列腺癌数据库和知识库 PCaLiStDB 为例[23],该界面清楚地列出了当前前列腺癌相关生活方式的数量,还显示了 PCaLiStDB 中包含的保护因素、危险因素、不相关因素、矛盾因素和不明确类型的生活方式的数量。

生活方式("Lifestyle")(图 3.2B)里是数据库所有生活方式的主体显示界面,有一个下拉菜单,其中包括数据库中 4 种生活方式的手动定性分析结果。"Protective""Risk""No influencing""Unclear"菜单根据 P 值列出相应的生活方式。"Contradictory"指在不同的研究中被确定为矛盾的不同影响类型的生活方式。通过这些功能界面,用户可以根据生活方式的类型快速获取特定信息。"Classify Criteria"列出了各种影响类型的定义标准。

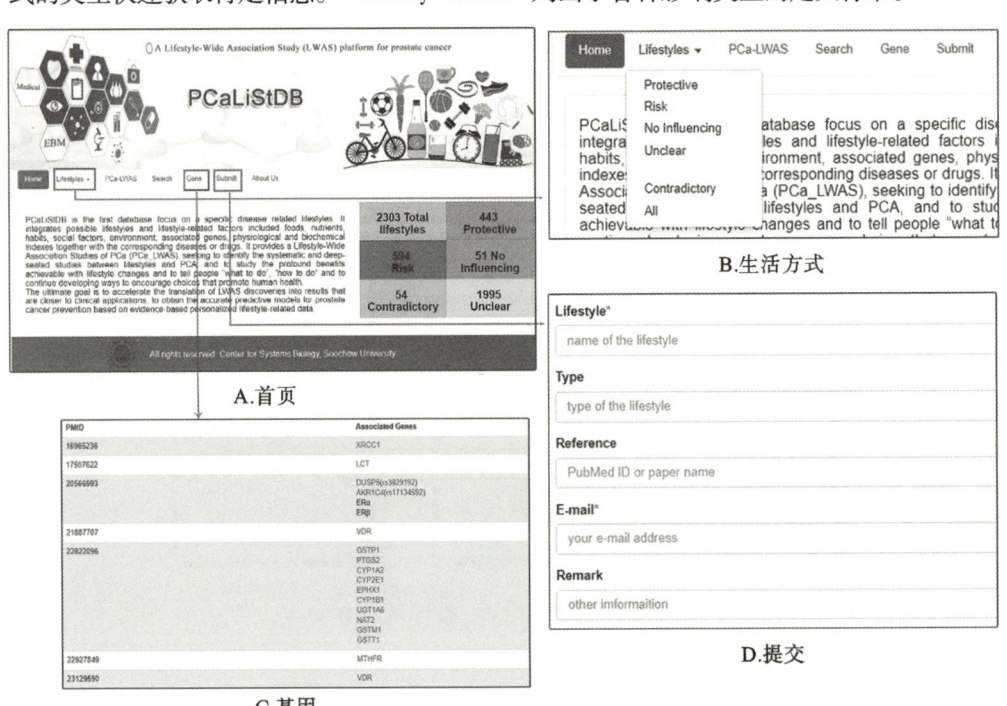

图 3.2　PCaLiStDB 和知识库的首页介绍

　　作为数据库平台的主要交互功能之一,检索功能包含快速检索和浏览检索两个功能。快速模糊筛选("Fast fuzzy screening")可根据用户输入的词进行模糊匹配,快速地找到相关的生活方式(图3.3A),这和常规数据库的快速检索功能相似。当用户的目标不明确时,可以利用浏览检索("Browsing retrieval")功能,通过预设的数据库类目分类列表,通过层层点击,然后选择想要的生活方式,直到出现"Go to"按钮,点击查看相应的搜索结果(图3.3B)。通过这些功能界面,用户可以快速地获取相应影响类型生活方式的具体信息,PCaLiStDB中关于每个生活方式的信息包括PCa的名称、单位、分类、影响类型、分层、影响的肿瘤类型、所涉及的研究数量及其细节(图3.3C)。

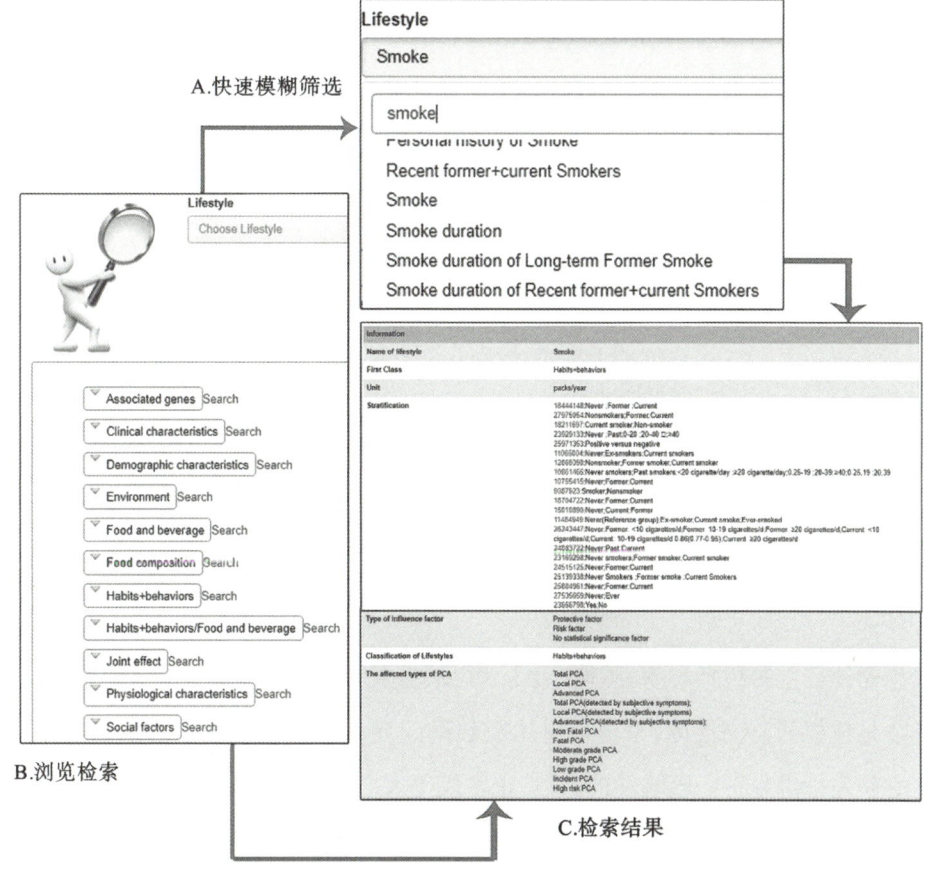

图3.3　PCaLiStDB数据库和知识库的浏览检索和快速检索功能

3.3.5　未来展望

生活方式数据库和知识库专注于特定疾病相关生活方式,整合特定疾病的生活方式相关因素,为疾病的生活方式全关联研究提供了研究平台,旨在加速将 LWAS 转化为更接近临床应用的结果,帮助人们做出明智的选择。通过生活方式数据库和知识库平台,期望能够获得基于证据的个性化生活方式相关数据,实现疾病的精确预测模型和智慧管理。

生活方式的研究比较复杂且缺乏深层次的机制定论研究,从宏观环境的角度来研究生活方式的作用,可以更好地做到生活方式的干预研究。最终的现实目标是使医护人员和普通患者获得科学明确的生活方式指导,实现对疾病的精准预防。毫无疑问,生活方式干预的效果需要进一步的研究支持。

希望用户能够以生活方式数据库和知识库为指导,积极并科学地改变个人生活方式,通过基于生活方式数据的预测模型实现风险预测[24-25]。这种基于生活方式数据库和知识库的有监督的深度学习方法可形成良性循环,提高了知识模型的准确度、完全性。结合了人工智能和医疗大数据的生活方式数据库和知识库,可具有更强的自我学习和更新能力,为疾病的智慧预防和管理提供帮助,为科学生活方式的形成提供借鉴。

3.4　体征数据库及其分析

生命体征主要包括心率、脉搏、血压、呼吸、血氧等。对于濒临死亡或重病的人,生命体征是重要的监测指标,根据生命体征数据的变化可以推断出患者病情的严重程度。心率是指每分钟心脏跳动的次数,正常成年人心率通常是 60～100 次/分,心率变异性(heart rate variability, HRV)信号描述的是逐次心跳的时间微小变异特性,它蕴藏着心脏自主调节的重要信息,反映了迷走神经与心交感活动的均衡性和紧张性,包含着心血管系统状态的信息,患病者体液与神经的调节状态失衡,HRV 信号分析作为一种无创无损探测心脏动力学的技术被广泛地应用于心血管疾病的诊断。

HRV 信号是从心电图(electrocardiograph, ECG)信号中计算得到。目前国际用于科学研究的权威 ECG 数据库包括:美国麻省理工学院与 Beth Israel 医院联合建立的 MIT － BIH 心电数据库、欧盟的 CSE（common standards for electrocardiography）心电数据库、美国心脏学会的 AHA（american heart association）心律失常心电数据库、欧盟 ST － T 心电数据库。美国国家卫生研究院的 PhysioBank 数据库提供了大量从患者与健康人身体提取的神经系统、心肺活动等多参数的生理信号,这些信号与普遍的病症相关,诸如冠状动脉疾病、充血性心力衰竭、睡眠呼吸暂停症、心脏猝死等,为了方便用户找到自己感兴趣的研究信号,数据库中的数据按照 ECG 特征或病症进行分类,其提供的数据文件的存贮格式为 format － 212。且每一条记录包含至少三个文件,诸如:xxx. dat, xxx. atr, xxx. hea。常用与病症相关的心电图数据库包括:圣彼得堡心脏病技术研究所 12 导联心律失常数据库、BIDMC 充血性心力衰竭数据库、MIT － BIH 心律失常数据库和 MIT － BIH 心脏猝死数据库。

目前 HRV 信号分析方法大致可分为传统特征分析（时域特征分析和频域特征分析）、时频域特征分析以及非线性特征分析。常用的时域分析有 NN 间隔的标准差（standard deviation of NN intervals, SDNN）、全部相邻 NN 间期长度差值均方根（the square root of the mean squared differences of contiguous NN intervals, RMSSD）、R － R 间期与平均 R － R 间期大于 50 ms 的个数占总数的百分比（the proportion of NN － interval differences greater than 50 ms, pNN50）。一般认为,频域分析的频率一般分四种:超低频（ultra low frequency, ULF, 0 ~ 0.0033 Hz）,甚低频（very low frequency, VLF, 0.003 ~ 0.04 Hz）,低频（low frequency, LF, 0.04 ~ 0.15 Hz）,以及高频（high frequency, HF, 0.15 ~ 0.4 Hz）。Vilardell 等人对 11654 名（平均年龄为 54 岁）的受试者进行 HRV 和死亡率的相关性研究,计算若干时间 HRV 的频域指数。HF 的最低四分位数与心肌梗死、冠心病、致死性冠心病直接相关。

传统 HRV 频域分析方法主要有自回归谱估计法和傅里叶变换法[8]。这些方法都假定 HRV 是平稳时不变信号。然而,从长期来看,HRV 是一种非线性非平稳信号,蕴藏着诸多瞬态信息。时域方法只能量化 R － R 间隔变异性,但不提供有关频率的信息。另一方面,频域方法量化了心率振荡的振幅,却没有提供时间信息传统方法,仅仅提取 HRV 的频域或时域特征显然是不够的。与传统方法相比,小波变换（wavelet transformation, WT）不仅可以分析 HRV 等非平稳信号,具有较好的时间和频率分辨率,而且具有检测幅度和频率跳变的能力[26]。常用于 HRV 信号分析的时频方法有短

时傅里叶变换、离散傅里叶变换、选择性离散傅里叶变换、Wigner – Ville 分布、改进 Wigner – Ville as pseudo – Wigner – Ville，Choi – Williams 分布、连续和离散小波分析、平滑 pseudo – Wigner – Ville、经验模态分解（empirical mode decomposition，EMD）、Tunable – Q 小波变换。

由于 HRV 信号本身具有非线性和非平稳的特性，与频域分析和时域分析相比，非线性方法能更好解码隐藏在 HRV 信号中有重要临床价值的信息。从 HRV 信号中计算得到非线性参数，包括分形维数、Lyapunov 指数、循环量化分析，被广泛地用于心血管疾病的检测。熵作为一种重要的非线性分析方法，用于度量信号的无序性和复杂性，被广泛应用于 HRV 信号分析中已达到检测心脏异常的目的。这些熵包括香农（Shannon）熵、瑞丽（Rényi）熵、Tsallis 熵、近似熵、样本熵、模糊熵、排列熵、多尺度样本熵、多尺度模糊熵、多尺度排列熵等。

3.5　法医数据库

3.5.1　法医数据库的现状

法医学是一门利用临床医学、生物信息学和其他自然科学的理论和方法，研究并解决法律实践中有关医学问题的一门学科。法医学涵盖了法医临床学、法医物证学、法医病理学、法医毒理学、法医毒物分析、法医精神学、法医血液遗传学、法医人类学和法医牙科学等多个学科。数据库是存储数据的仓库，是长期存放在计算机内、有组织、可共享的大量数据的集合。法医数据库是将法医相关的数据进行结构化的处理，按照一定数据模型进行组织、描述和存储。自 2005 年以来，我国法医 DNA 检测迎来了快速的发展，DNA 数据库中内容的总量不断增加。截至 2019 年，我国 DNA 建库率已经达到 3.17%，超过四千万人的 DNA 被录入公安机关的 DNA 数据库。

目前国际上普遍应用的法医数据库是人类的 STR 数据库和 mtDNA 数据库。

短串联重复序列（short tandem repeat，STR）检测技术由于其片段长度相对较短、片段退火温度较为相似，可以实现多位点的多重扩增，具有快速、灵敏、稳定和重复性好等特点，被大量应用于案件处理中。STR 检测技术和覆盖全面的 STR 数据库相结合，能够快速对个体进行识别，对于提高工作人员办案效率、破获疑难案件具有重要的作用。

全世界各个国家和地区都在构建并完善本国的 STR 数据库(short tandem repeat DNA internet database,STRBase),2004 年 Alves 等通过对非洲 141 个莫桑比克人的基因分析发现了 17 个 STR 基因座;在 2008 年的时候,研究人员针对伏尔加河流域的乌拉尔人群开发了一个包含 640 个个体的 STR 参考数据库,这个数据库中包含了 8 个不同的民族,一共发现了 10 个 STR 基因组;人类的 Y 染色体是男性特有的染色体,与常染色体的 STR 不同,Y–STR(Y 染色体短串联重复序列)具有明显的地域、种族、民族的差异性,能够在常染色体 STR 分析无法发现嫌疑人的情况下,确定可疑的家系,将侦查范围锁定在某一地区的指定家系,进而依托其他证据锁定嫌疑人。2009 年,Roewer 等对伊朗和阿塞拜疆的 259 个少数民族进行研究发现了 17 个 Y–STR[27]。这些 STR 基因组的发现对于侦破案件、查找走失人员和遇难人群身份鉴定都具有重要的意义。

线粒体 DNA(mitochondrial DNA,mtDNA)检测是一种检测碱基序列多样性的技术,通过对存在于人类细胞的细胞质中线粒体 DNA 进行多态性检测来进行人体的识别。线粒体 DNA 是一条闭合环状 DNA,在一个生物细胞中存在很多个拷贝,存在突变频率较高的区域。无母系亲缘关系的个体间大多可以使用 STR 技术进行个体识别。对于亲缘关系较近的个体之间,利用 mtDNA 突变频率较高区域的序列多态性,可以快速进行个体识别。mtDNA 分析作为法医工具已经在全球范围内确立,使用标准方法对 mtDNA 控制区的 HVⅠ和 HVⅡ进行测序,从而快速地进行 mtDNA 分型,完成个体的识别。

2000 年,Miller 和 Budowle 等人通过对 10000 多条人类特定的 mtDNA 序列进行收集和标准化处理,在全世界范围内首次建立了规范的 mtDNA 数据库(mitochondrial DNA database)。由于最初的 mtDNA 数据库主要建立在美国和西欧等国家,不同地区人口的差异导致 mtDNA 数据库中的数据往往不能共享使用。2004 年,Brandstätter 等人对非洲的内罗毕市区的人建立了高质量的 mtDNA 数据库,发现非洲与欧美国家人群间 mtDNA 组成存在较大差异[28]。2019 年,Poletto 等人对巴西南部帕拉纳州的 122 位个体进行完整的线粒体 DNA 测序,总共 108 个不同的单倍型,其中 97 个是独特的,剩余 11 个存在相似性。系统发育分析证实了该种群的高度遗传异质性,表明 mtDNA 在法医的个体识别中具有重大的意义。

3.5.2　法医数据库的缺陷和不足

法医的研究专业主要包括了法医病理学、法医临床学、司法精神病学、法医毒物化学、法医物证学、微量物证学、文件鉴定学、声像鉴定学、痕迹鉴定学、电子数据鉴定、道路交通事故技术鉴定和环境损害司法鉴定等多种专业。法医数据不仅包含了 STR 数据和 mtDNA 数据，还包含了病理数据、毒物分析数据、尸体解剖数据、致伤方式及致伤物判断数据和生前伤与死后伤鉴别数据等大量的数据。然而，目前在全世界范围内主要的数据库基本只包含了 STR 数据和 mtDNA 数据，数据库种类的不足往往限制了办案人员对信息的处理，降低了办案人员的工作效率，也给案件侦破增加了难度。

以痕迹鉴定学为例，在刑侦办案的过程中指印鉴定、足迹鉴定、工具痕迹鉴定、分离痕迹鉴定、枪弹痕迹鉴定、交通事故痕迹鉴定、物品爆裂原因鉴定等往往需要专业的鉴定人员来进行。我国约有一万多个派出所，然而能够进行专业鉴定的人员却并不多，法医痕迹鉴定数据库的缺乏会延长办案人员处理案件的时间，甚至影响案件的处理。

此外，我国法医数据库也存在很多不够完善的地方。一些省份的 STR 数据库，各地市建库采用不同的试剂盒，无法大范围的进行多位点的直接比对。流动人口难以建立家系，起不到家系全覆盖排查的作用。全国性的 Y – STR 数据库仍未建立，利用单一省份的 Y – STR 数据排查跨省的流窜犯仍存在较大的困难[29]。

3.5.3　法医数据库未来的发展

未来，法医数据库会不断增加其覆盖内容的广度，从常见的 STR 数据库和 mtDNA 数据库扩展到法医声像鉴定数据库、法医微量物证学数据库、法医痕迹鉴定学数据库、法医电子数据鉴定数据库、法医毒物数据库和法医病理数据库等。一方面，不仅法医数据库的种类和数量会增加。另一方面新增的法医数据库中信息条目的完备和高效整合也是必然的趋势。以法医微量物证学数据库为例，不仅要包含涂料（油漆）、塑料、玻璃、纤维、纸张、墨水、油墨、墨粉、黏合剂、橡胶、化妆品、油脂、金属、木材、泥土、炸药及残留物、枪弹射击残留物等物质鉴定或比对，还要将这些微量物证学内容与实际案例联系起来，便于办案人员快速了解之前相关案件的卷宗，更好地处理实际工作中的案例,进而提升办案效率。

由于技术和历史的原因,以往构建的 STR 和 mtDNA 等数据库都存在一定的缺陷。例如,我国 STR 数据库中基因座仅有 24 个,爆发式增长的 DNA 数据会导致 DNA 数据库总量的不断上升,基于数据库进行直接匹配的人体识别将会导致无关个体随机匹配的概率大量增加。随着数据库的不断发展,增加基因座的数量、优化数据库的存储是必然的趋势。

法医数据库未来将朝着多角度、多层次、多领域以及综合化的深度数据库方向发展,覆盖尽可能多的领域,不断扩展数据库的深度,使办案人员能够快速高效地利用法医数据库中各种信息来侦破案件。

3.5.4　法医数据库与个人隐私保护

由于互联网技术的高速发展,个人的隐私数据(如姓名、性别、年龄、电话号码和家庭住址等隐私信息)被泄露的事件时常会发生。不法分子可以根据互联网上的数据足迹,将这些数据足迹整合在一起利用指定的技术挖掘出个人的隐私信息,利用这些隐私数据进行各种不法的活动。

法医数据库中也会包含姓名、性别、年龄、STR 基因座数据、mtDNA 数据、家系信息、家族史和亲缘关系等类型繁多的隐私数据,法医数据库中隐私数据中的敏感信息的泄露不仅会对个人造成影响,对社会安全也会造成不小的冲击。因此,法医数据库要在技术层面上采用先进的加密技术。全国人民代表大会常务委员会于 2021 年 8 月 20 日通过的《中华人民共和国个人信息保护法》是我国首部针对个人隐私保护的法律,该法的出炉是对顶层制度的查缺补漏,国家通过制定相关的法律法规来严惩非法获取隐私数据的个人或则集体,对于提升法医数据库中个人的隐私安全具有重大的意义。

3.6　生物数据库与安全

3.6.1　背景

随着科技技术的发展,毫无疑问,我们已经进入了数字化转型时期。现代生物学

生物安全信息学
BIOSAFETY INFORMATICS

的发展受到大量公共资源的推动,如国际核苷酸序列数据库合作组织(International Nucleotide Sequence Database Collaboration, INSDC)。世界上主要的生物序列(及相关)信息数据库所提供的数据信息,不仅加快了基础生物学研究的步伐,还实现了许多医疗、农业及生态防护应用的创新。截至2019年5月,*Nucleic Acids Research* 杂志所收集的数据库中,有30个专门用于病毒基因组的数据库,71个专门用于原核基因组的数据库,以及35个专门用于真菌基因组的数据库[30]。同时,一些在线数据库不仅提供研究数据,而且还提供允许用户在线执行基因组数据分析的计算工具。

3.6.2　常用生物数据库的分类

生物数据库是生物信息的储存库,依据其内容及功能的不同,可大致分为生物信息数据库、疾病相关数据库、药物数据库、生物标志物数据库、微生物数据库及生态安全数据库等。

表3.4　常用生物数据库

分类		名称	网址	数据内容
生物信息数据库	DNA数据库	DNA Data Bank of Japan (DDBJ)	http://www.ddbj.nig.ac.jp	DNA序列信息
		European Molecular Biology Laboratory (EMBL)	https://www.ebi.ac.uk/	DNA序列信息
		GenBank	https://www.ncbi.nlm.nih.gov/genbank/	DNA序列信息
	RNA数据库	miRbase	http://www.mirbase.org/	miRNA命名、序列信息、注释、靶基因预测等
		Rfam	https://rfam.org/	非编码RNA(ncRNA)家族信息
	基因表达数据库	Ensembl	http://www.ensembl.org/	生物基因组自动注释数据库
		Legume Information System (LIS)	https://www.legumeinfo.org/	豆科植物基因组学信息
		WormBase	http://www.wormbase.org	线虫生物学及基因组信息

续表

分类		名称	网址	数据内容
生物信息数据库	基因表达数据库	Gene Expression Omnibus（GEO）	https：//www. ncbi. nlm. nih. gov/geo/	功能基因组学信息数据库
		Human Protein Atlas（HPA）	https：//www. proteinatlas. org/	人类蛋白质编码基因 mRNA 蛋白表达水平数据
		Personal Genome Project（PGP）	https：//www. personalgeno-mes. org/	10 万名志愿者基因组信息
		Rat Genome Database（RGD）	https：//rgd. mcw. edu/	大鼠基因型和表型数据
		FlyBase	https：//flybase. org/	果蝇基因组数据
		Saccharomyces Genome Database（SGD）	https：//www. yeastgenome. org/	酵母基因组数据
		PHI – Base	http：//www. phi – base. org/	病原体宿主相互作用数据库
	表型数据库	PomBase	https：//www. pombase. org	裂变酵母生物数据库
		SWISS – PROT	https：//www. expasy. org/re-sources/uniprotkb-swiss-prot	蛋白质序列
		Protein Information Re-source（PIR）	https：//proteininformationre-source. org/	蛋白质序列
	氨基酸/蛋白质数据库	Database of Interacting Proteins（DIP）	http：//dip. doe – mbi. ucla. edu	蛋白质之间相互作用数据库
		InterPro	http：//www. ebi. ac. uk/in-terpro/	蛋白质家族、结构域和功能位点数据库
		SUPERFAMILY	http：//supfam. org/	蛋白质的结构、功能和进化信息
		Protein Data Bank（PDB）	https：//www. rcsb. org/	蛋白质结构信息
		ModBase	http：//salilab. org/modbase	蛋白质结构比较及注释

续表

分类		名称	网址	数据内容
生物信息数据库	信号转导途径数据库	ExoCarta	http://www.exocarta.org	外泌体蛋白质、RNA 和脂质数据库
		BioModels	https://www.ebi.ac.uk/biomodels-main/webservices	生物学相关计算模型数据库
	代谢途径数据库	EzTaxon Database	http://www.eztaxon.org/	基于 16S rRNA 基因序列的原核生物鉴定数据库
		The Cancer Imaging Archive（TCIA）	https://www.cancerimagingarchive.net/	癌症相关医学影像数据
		Pathway Interaction Database（PID）	http://pid.nci.nih.gov	人类细胞信号传导及通路间相互作用
		Netpath	http://www.netpath.org/	人体内信号转导途径
	其他生物信息数据库	Reactome	https://reactome.org/	人体过程、激素信号传导等
		BioCyc	http://biocyc.org/	生物体的基因组和代谢途径信息
		Human Metabolome Database（HMDB）	http://www.hmdb.ca	人类代谢物结构、代谢反应等信息
		BRENDA	http://www.brenda-enzymes.org	有关 IUBMB 分类的酶的分子和生化信息
		KEGG PATHWAY	https://www.kegg.jp/kegg/pathway.html	机体及细胞功能途径
疾病相关数据库		CDC Prevention Guidelines Database	https://wonder.cdc.gov/wonder/prevguid/prevguid.html	疾病预防指南数据库
		OMIM	http://www.omim.org/	疾病临床信息及相关基因信息
		KEGG DISEASE Database	https://www.genome.jp/kegg/disease/	疾病相关的遗传、环境药物因素
		The Human Gene Mutation Database（HGMD）	http://www.hgmd.cf.ac.uk/ac/index.php	疾病相关基因突变数据

续表

分类	名称	网址	数据内容
疾病相关数据库	ClinVar	https://www.ncbi.nlm.nih.gov/clinvar/	人类健康相关的基因组变异
	DiseaseMeth	http://bio-bigdata.hrbmu.edu.cn/diseasemeth/	疾病相关甲基化数据
	MalaCards	http://www.malacards.org/	人类疾病整合及注释
药物数据库	DrugBank	http://redpoll.pharmacy.ualberta.ca/drugbank/	药物化学特性及靶标
	Variations and Drugs（VnD）	http://vnd.kobic.re.kr:8080/VnD/	疾病相关基因突变、蛋白结构及药物信息
	Antimicrobial Drug Database（AMDD）	http://www.amddatabase.info	抗微生物药物数据库
	HIV Drug Resistance Database	https://hivdb.stanford.edu/	HIV 耐药数据库
	Therapeutic Target Database（TTD）	http://db.idrblab.net/	药物治疗靶点相关数据
	Pharmacogenomics Knowledge Base（PharmGKB）	https://www.pharmgkb.org/	人类遗传变异及药物反应数据
生物标志物数据库	BBcancer	http://bbcancer.renlab.org/	癌症相关基因及生物标志物
	Colorectal Cancer Biomarker Database（CBD）	http://www.sysbio.org.cn/cbd/	结直肠癌相关生物标志物
微生物数据库	gutMEGA	http://gutmega.omicsbio.info/	肠道微生物组学数据
	RibosomalDatabase Project（RDB）	http://rdp.cme.msu.edu/index.jsp	细菌、古细菌 16S rRNA 序列，以及真菌 28S rRNA 序列等
	SILVA	https://www.arb-silva.de/	细菌、古细菌、真核微生物 rRNA 基因序列

分类	名称	网址	数据内容
生态安全数据库	The National Agricultural Safety Database（NASD）	https://nasdonline.org/	农业安全相关数据
	CABI Database	http://www.cabi.org/cpc	农作物及有害生物相关数据
	Global Invasive Species Database（GISD）	http://www.iucngisd.org/gisd/	外来及入侵生物相关数据

3.6.3　生物数据库的应用价值

1.　病原体检测在公众健康及食品安全中的应用

正确识别和追踪致病性病原体对于公众健康和食品安全至关重要。鉴定和追踪已从非分子方法、DNA指纹图谱方法和单基因方法转变为依赖整个基因组及数据库的方法。生物数据库目前已经充分被用于病原体的辨认与溯源。例如，微生物环境基因组学测序及数据库搭建用于追踪食源性病原体暴发，为成千上万的消费者带来福音。此类数据库还广泛应用于检测和追踪病原体（包括细菌、真菌及病毒），例如埃博拉病毒和流感病毒基因组数据在实时跟踪方面发挥重大价值[31-35]。

2.　生物生态安全的自主监测

人员和货物的全球流通对脆弱的生态系统构成了潜在的生物威胁，使得疾病、虫害和入侵物种更轻松地跨越区域和边界，此类危害加大了社会、经济和环境成本。常规的早期检测系统通过人工监视物资产地，或将固定的传感器节点集成到检测－反应－管理周期系统中进行。然而，常规的监测系统劳动强度大、成本高且覆盖范围有限，无法满足当前的生物安全需求。生物数据库整合有助于基于人工智能的生物安全自主检测技术的发展。近年来，传感和机器人系统已经被部署用于追踪疾病的载体（如狐蝠等）、检测果蝇、区分杂草与健康植物，检测入侵生物以及进行热带森林调查。

3.　农业安全

由于全球化趋势的发展和气候变化的影响，控制病原体传播变得更具挑战性。例如近年来频繁爆发的由木糖杆菌 X. *fastidiosa* 引起的欧洲橄榄快速衰退综合征；尖孢镰刀菌 *Fusarium oxysporum* f. sp. *cubens* 对全球香蕉生产造成的严重威胁。有效的预警和快速反应框架是预防或减轻病原体生物入侵危害的关键因素。同时，植物病原体基因组也被用于植物疾病的流行病学调查，如孟加拉国爆发的小麦疫情。基于数据库的人工智能检测工具在植物健康监测、病原体风险评估中起着重要作用，改善并减轻了微生物带来的威胁。

3.6.4　局限与漏洞

1. 缺乏标准数据模型

生物数据库中的个体数据信息不应以库为单位分隔开，库与库之间生物信息系统互动连用能够实现更加广泛的数据全局查找。然而，标准数据模型的缺乏导致各数据库之间的信息无法有效交换。相关本体的发展可能有助于推动数据库之间的数据融合互动。

2. 数据上传和数据获取的权限隐患

在 2017 年美国高等计算机协会（USENIX）安全研讨会上，来自华盛顿大学的研究人员通过概念验证研究项目提供了开创性证据，证明了其将恶意软件编码为 DNA 的能力——攻击者递送的特异 DNA 序列经过测序和处理后可以使攻击者任意执行远程代码。该研究证明，随意的数据库上传权限可导致整个数据库资料被恶意篡改及损坏，然而数据库开发者对网络生物安全的重视似乎远远不足。此外，质量不达标的数据上传到数据库阻碍了科研工作的开展。

3. 缺少保密性（隐私性）

尽管大多数公共基因组数据库不包含敏感的个人信息，但它们确实包含个人的基因组等数据，也许这是所有数据中最具有"个人标签"的数据。由于知识门槛高、用户专业素质限定以及开发技术复杂且昂贵等原因，基因组数据库目前少有被网络攻击的案例。然而，该领域的快速增长和大众化普及已导致此类因素正在逐渐消失，再加上很少有数据库使用强密码，攻击者可以轻易通过内部攻击（成功注册账号混入数据库内部）及外部攻击（利用现有的用户凭据向嵌入了恶意软件的系统用户发送电子邮件以获取对系统账户的访问权限）的方式随意取得其想要获得的数据，例如任何匿名用户都可以通过 NCBI 轻松访问天花病毒等高风险病原体的基因组序列，当今合成 DNA 等技术成本降低和合成生物学飞速进步，我们不得不重视此类网络生物安全问题。

4. 数据上传监督

尽管许多生物数据库都有用于数据质量控制和手动管理的协议，为用户提供了上传数据的方法和数据框架，但是似乎没有数据库在传输过程中检查数据完整性，难以确保在用户提供的数据在传输过程中不被修改。攻击者可利用未经验证的数据传输过程，在数据传输期间进行攻击，例如攻击者可以从数据库下载现有数据，提取数据的子集，并注入无效的输入。在这种情况下，使用概率分析的检测机制仅可检测到明显违反数据完整性的记录，先前已报道过此类攻击。

5. 物理硬件防护

生物数据库通常提供了注释、执行和搜索等计算工具，这些计算分析通常需要大量的计算能力，因此许多大型研究机构都配备了群集计算服务器，这些被用作计算密集型服务的后端，很可能成为诱人目标（例如挖矿加密货币等），尽管目前少有类似攻击的报道。

3.6.5　解决办法

1. 自动化的异常检测方法

针对数据库数据上传的完整性及数据本身的质量问题，科学家们目前已经开发出一些工具来评估数据相关质量，例如技术质量（QUAST），数据完整性（BUSCO，ProDeGe）以及数据纯度（例如 acdc，CheckM）[36-40]。此外，机器学习也已经被用来理解序列本身，例如工具 DeepBind 和 DeepSEA 通过读取序列，以了解序列中的变异并预测其功能[41-42]。这些工具的成功加上最近在网络安全中使用长短期记忆（LSTM）循环神经网络（RNN）进行序列异常检测的研究为生物序列异常检测提供了新思路。

2. 网络攻击及数据滥用防护

研究表明，网络攻击篡改标签，会大大降低分类器的准确性且很难被防御者发现。研究者提出了一种异常值措施（ensembles of outlier measures，EOM）来识别标签被篡改[43]。该方法依赖于捕获样本"异常值"的属性，预测样本是否已被篡改。随后通过更改样本类别标签来补救被篡改的样品。在生物数据库中，这些标签可以是任何与条目关联的元数据属性。在无人监督的机器学习场景中，对手可能试图通过试探性地插入数据点来颠覆聚类算法集群，降低数据库检测异常基因组序列的能力[44]。而

Kegelmeyer 等研究者证明基于 EOM 的补救方法在无监督的情况下同样适用[45]。严格的客户筛选及申请审查也有助于此类防护。

（沈可　詹超英　石满红）

参考文献

[1] ENERGY UDoHaHSaDo. Understanding our genetic inheritance. The US Human Genome Project：the first five years[M]. Washington，DC：US Dept of Health and Human Services，1990.

[2] ABECASIS G R, AUTON A, BROOKS L D, et al. An integrated map of genetic variation from 1,092 human genomes[J]. Nature, 2012,491:56 – 65.

[3] CLARKE L, FAIRLEY S, ZHENG-BRADLEY X, et al. The international genome sample resource（IGSR）：A worldwide collection of genome variation incorporating the 1000 Genomes Project data[J]. Nucleic Acids Res, 2017,45:854 – 859.

[4] LACAZE P, PINESE M, KAPLAN W, et al. The Medical Genome Reference Bank：a whole – genome data resource of 4000 healthy elderly individuals. Rationale and cohort design[J]. Eur J Hum Genet, 2019,27:308 – 316.

[5] SENDER R, FUCHS S, MILO R. Revised estimates for the number of human and bacteria cells in the body[J]. PLoS Biol, 2016,14:e1002533.

[6] CALLAWAY E. Microbiome privacy risk[J]. Nature, 2015,521:136.

[7] 范国梅,孙清岚,史文聿,等. 国家微生物科学数据中心数据资源服务与应用[J]. 微生物学报, 2021,61:13.

[8] ZHANG Q, YU K, LI S, et al. gutMEGA：a database of the human gut MEtaGenome Atlas[J]. Briefings in Bioinformatics, 2020, 22(3):082.

[9] MA B, FRANCE M T, CRABTREE J, et al. A comprehensive non – redundant gene catalog reveals extensive within – community intraspecies diversity in the human vagina[J]. Nat Commun, 2020,11:940.

[10] CHENG L, QI C, ZHUANG H, et al. gutMDisorder：a comprehensive database for dysbiosis of the gut microbiota in disorders and interventions[J]. Nucleic Acids Res, 2020,48:554 – 560.

[11] LIU B, ZHENG D, JIN Q, et al. VFDB 2019: a comparative pathogenomic platform with an interactive web interface[J]. Nucleic Acids Res, 2019,47:687 – 692.

[12] BLIN K, PASCAL ANDREU V, DE LOS SANTOS E L C, et al. The antiSMASH database version 2: a comprehensive resource on secondary metabolite biosynthetic gene clusters[J]. Nucleic Acids Res, 2019,47:625 – 630.

[13] ALCOCK B P, RAPHENYA A R, LAU T T Y, et al. CARD 2020: antibiotic resistome surveillance with the comprehensive antibiotic resistance database [J]. Nucleic Acids Res, 2020,48:517 – 525.

[14] LOMBARD V, GOLACONDA RAMULU H, DRULA E, et al. The carbohydrate – active enzymes database (CAZy) in 2013 [J]. Nucleic Acids Res, 2014,42: 490 – 495.

[15] FIERER N, LAUBER C L, ZHOU N, et al. Forensic identification using skin bacterial communities[J]. Proc Natl Acad Sci USA, 2010,107:6477 – 6481.

[16] WAGNER J, PAULSON J N, WANG X, et al. Privacy – preserving microbiome analysis using secure computation[J]. Bioinformatics, 2016,32:1873 – 1879.

[17] ROWLAND G W, SCHWARTZ G G, JOHN E M, et al. Calcium intake and prostate cancer among African Americans: effect modification by vitamin D receptor calcium absorption genotype[J]. J Bone Miner Res, 2012,27:187 – 194.

[18] YAMAMOTO – HONDA R, TAKAHASHI Y, MORI Y, et al. A positive family history of hypertension might be associated with an accelerated onset of type 2 diabetes: results from the national center diabetes database (NCDD – 02) [J]. Endocr J, 2017,64:515 – 520.

[19] NEVEU V, MOUSSY A, ROUAIX H, et al. Exposome – explorer: a manually – curated database on biomarkers of exposure to dietary and environmental factors[J]. Nucleic Acids Res, 2017,45:D979 – D984.

[20] CUZICK J, THORAT M A, ANDRIOLE G, et al. Prevention and early detection of prostate cancer[J]. Lancet Oncol, 2014,15:484 – 492.

[21] MARMOT M, ATINMO T, BYERS T, et al. Food, nutrition, physical activity, and the prevention of cancer: a global perspective. [EB/OL]. [2007]. https://

discovery. ucl. ac. uk/id/eprint/4841/1/4841. pdf.

[22] World Cancer Research Fund. Diet, nutrition, physical activity and prostate cancer World Cancer Res. Fund Int[EB/OL]. (2014)[2018 – 02]. https://www. wcrf. org/wp – content/uploads/2021/02/prostate – cancer – report. pdf.

[23] YALAN C, XINGYUN L, YIJUN Y, et al. PCaLiStDB: a lifestyle database for precision prevention of prostate cancer[J]. Database, 2020, 2020:154.

[24] LIAO J, MUNIZ – TERRERA G, SCHOLES S, et al. Lifestyle index for mortality prediction using multiple ageing cohorts in the USA, UK and Europe[J]. Sci Rep. 2018, 8(1):6644.

[25] RAMOS – LOPEZ O, RIEZU – BOJ J I, MILAGRO F I, et al. Prediction of blood lipid phenotypes using obesity – related genetic polymorphisms and lifestyle data in subjects with excessive body weight[J]. Int J Genomics. 2018,19:4283078.

[26] VIGO D E, GUINJOAN S M, SCARAMAL M. Wavelet transform shows age – related changes of heart rate variability within independent frequency components[J]. Auton Neurosci. 2005,123(1 – 2):94 – 100.

[27] ROEWER L, WILLUWEIT S, STONEKING M, et al. A Y – STR database of Iranian and Azerbaijanian minority populations[J]. Forensic Sci Int Genet, 2009,4: e53 – 55.

[28] BRANDSTATTER A, PETERSON C T, IRWIN J A, et al. Mitochondrial DNA control region sequences from Nairobi (Kenya): inferring phylogenetic parameters for the establishment of a forensic database[J]. Int J Legal Med, 2004,118:294 – 306.

[29] 张斌,周鹤芳,肖姗姗,等.Y – STR检验技术在侦查破案中的应用[J]. 科技风, 2020,1:15.

[30] VINATZER B A, HEATH L S, ALMOHRI H M J, et al. Cyberbiosecurity challenges of pathogen genome databases[J]. Front Bioeng Biotechnol, 2019, 7:106.

[31] PENDLETON K M, ERB – DOWNWARD J R, BAO Y, et al. Rapid pathogen identification in bacterial pneumonia using real – time metagenomics[J]. Am J Respir Crit Care Med, 2017,196:1610 – 1612.

［32］ LAZAREVIC V, GAIA N, GIRARD M, et al. When bacterial culture fails, metagenomics can help： a case of chronic hepatic brucelloma assessed by next － generation sequencing［J］. Front Microbiol, 2018,9：1566.

［33］ TONG X, XU H, ZOU L, et al. High diversity of airborne fungi in the hospital environment as revealed by meta － sequencing － based microbiome analysis［J］. Sci Rep, 2017,7：39606.

［34］ GRENINGER A L, ZERR D M, QIN X, et al. Rapid metagenomic next － generation sequencing during an Investigation of hospital － acquired human parainfluenza virus 3 infections［J］. J Clin Microbiol, 2017,55：177 － 182.

［35］ LEWANDOWSKA D W, SCHREIBER P W, SCHUURMANS M M, et al. Metagenomic sequencing complements routine diagnostics in identifying viral pathogens in lung transplant recipients with unknown etiology of respiratory infection ［J］. PLoS One, 2017,12：e0177340.

［36］ GUREVICH A, SAVELIEV V, VYAHHI N, et al. QUAST： quality assessment tool for genome assemblies［J］. Bioinformatics, 2013,29：1072 － 1075.

［37］ SIMAO F A, WATERHOUSE R M, IOANNIDIS P, et al. BUSCO： assessing genome assembly and annotation completeness with single － copy orthologs ［J］. Bioinformatics, 2015,31：3210 － 3212.

［38］ TENNESSEN K, ANDERSEN E, CLINGENPEEL S, et al. ProDeGe： a computational protocol for fully automated decontamination of genomes［J］. ISME J, 2016,10：269 － 272.

［39］ LUX M, KRUGER J, RINKE C, et al. acdc － automated contamination detection and confidence estimation for single － cell genome data［J］. BMC Bioinformatics, 2016,17：543.

［40］ PARKS D H, IMELFORT M, SKENNERTON C T, et al. CheckM： assessing the quality of microbial genomes recovered from isolates, single cells, and metagenomes ［J］. Genome Res, 2015,25：1043 － 1055.

［41］ ALIPANAHI B, DELONG A, WEIRAUCH M T, et al. Predicting the sequence specificities of DNA － and RNA － binding proteins by deep learning ［J］. Nat

Biotechnol, 2015, 33:831 – 838.

[42] ZHOU J, TROYANSKAYA O G. Predicting effects of noncoding variants with deep learning – based sequence model[J]. Nat Methods, 2015, 12:931 – 934.

[43] CASWELL J, GANS J D, GENEROUS N, et al. Defending our public biological databases as a global critical Infrastructure[J]. Front Bioeng Biotechnol, 2019, 7:58.

[44] BIGGIO B, PILLAI I, ROTA BULÒ S, et al. In proceedings of the 2013 ACM workshop on Artificial intelligence and security 2013[C]. New York:Association for Computing Machinery,2013.

[45] KEGELMEYER W P, PINAR A, ZAGE D J. Counter – adversarial data analytics: machine learning (and graph analysis). sandia national lab. (SNL – CA), livermore, CA (United States) [EB/OL]. [2015 – 07 – 01]. https://www.osti. gov/servlets/purl/1530955.

第 4 章
生物安全数据分析常用算法、工具、软件

4.1 概述

生物安全目前已发展为一个全球性的问题。它涵盖了各种生物相关的风险和威胁,从新发和突发性传染病,生物资源和人类遗传资源的保护,生物技术的误用和滥用,外来生物的入侵,生物恐怖袭击,到实验室生物安全等诸多方面。这些生物安全问题对生态系统的稳定性、生命健康以及经济安全产生了直接影响,因此,它成为国家安全和世界安全的重要组成部分。

我们对生物安全的理解,是随着各种检测和检验技术的快速发展以及研究方法的不断完善而不断加深的。这里,值得一提的是,我国在生物安全领域有着丰富的管理和处置经验。我们面对过 2003 年的严重急性呼吸综合征(severe acute respiratory syndrome,SARS),也面对过 2019 年底的新型冠状病毒感染(COVID – 19)。这两次大规模的疫情防控,充分体现了我国在领导管理、防疫体系,以及科技支撑方面的实力。确保人民群众生命安全和身体健康,是我们的一项重大任务。我们需要抓紧补短板、堵漏洞、强弱项,该坚持的坚持,该完善的完善,该建立的建立,该落实的落实,完善重大疫情防控体制机制,健全国家公共卫生应急管理体系。然而,要有效地应对生物安

全的挑战，仅有一套完善的制度框架和应急体系是远远不够的。我们还需要有可靠的科研工具和方法，尤其是在生物信息与安全数据分析方面。因为只有通过准确的数据分析，我们才能及时了解和评估生物安全风险的规模和性质，从而制订科学的、有针对性的防控策略。

1990年，人类基因组计划的正式启动，标志着人类对基因领域的认知和探索进入了新的高速发展阶段。这一具有里程碑意义的事件，不仅推动了生物学的进步，更让科技和生命科学的跨界融合成为可能。随着各类测序技术的发展，我们已经能够获取生物体内遗传物质的序列数据，这为跨领域合作提供了前所未有的机遇。例如，模型与算法逐步应用于生物分析中，为生物信息学的诞生提供了基础。

生物信息学是一门融合了生物学、信息学、统计学和计算机科学等的跨学科领域，旨在应用这些工具和方法来解决生物学中的问题。该领域的研究主要涉及广泛的生物学数据，运用计算机作为主要的研究工具，利用各种方法来获取、处理和应用这些数据。将算法应用于生物学和生物安全领域，可以使相关研究的推进更高效，得出的结论也更准确。随着生物信息学的发展，生物安全的重要性逐渐被人们所认识。在全球化的趋势下，生物安全面临的挑战日益增加，如新发突发性传染病、生物资源和人类遗传资源的保护、生物技术的误用和滥用、外来生物的入侵、生物恐怖袭击等。所有这些问题都需要我们运用生物安全及生物信息学的技术和方法来解决。

生物安全已经不再是单一的生物学问题，而是多学科交叉领域的问题。我们需要借助于生物学、计算机科学、数据科学等技术和领域的发展，来解决生物安全的问题。例如，我们需要算法来分析和预测疾病的传播路径；我们需要计算机科学来帮助我们管理和分析大规模的生物数据；我们需要数据科学来帮助我们发现生物数据中的隐含模式和知识，同时，生物数据的安全性和隐私保护问题不容忽视。我们需要运用隐私计算技术，例如差分隐私和同态加密等，来确保在大规模数据分析中，个人和机构的敏感信息得到妥善保护。因此，生物安全数据分析的常用算法、工具和软件就显得尤为重要。它们是我们解决生物安全问题的重要工具和武器。通过有效的数据分析，我们可以更准确地评估生物安全风险，更有效地制订和实施防控策略，并在此过程中实现生物数据隐私保护。

在本章中，我们将详细介绍生物安全数据分析的常用算法、工具和软件，包括它们的原理、功能和应用。我们希望这些内容可以帮助大家更好地理解生物安全数据分析

的重要性,也希望能为大家在生物安全工作中提供有力的帮助和支持。

4.2 生物安全数据分析算法

随着基因组测序技术的不断进步和快速发展,科学家们现在可以更全面的掌握生物体内的遗传信息,从而深入了解其生物学特性和生命活动的基本规律。为了深入挖掘这些测序数据中的生物学含义,计算机科学和数学的方法和原理被广泛应用于生物问题的研究。高通量测序技术,如二代测序(next‑generation sequencing,NGS)技术,使得基因组信息能够在较短的时间内,以高通量的方式被捕获。这不仅大大降低了基因组测序的成本和时间,还使得生物医疗领域产生的基因组数据量呈现爆炸式的增长。然而,这些基因组数据的复杂性和庞大体量,给数据管理和分析流程的效率带来了挑战。因此,越来越多的计算机科学家和数学家开始将计算和分析算法应用到生物学领域,以解决相关的问题。以下将主要介绍生物信息学研究中的几个关键问题,以及为解决这些问题而应用的不同算法和方法。

4.2.1 质量控制

高通量测序数据的预处理和质量控制(quality control)是高通量数据分析的初始阶段,极其关键。由于高通量测序技术的自身特性和局限性,测序数据中往往存在各种错误和偏差。如果不加以处理,这些问题会对后续分析结果产生严重影响,因此,进行数据预处理和质量控制至关重要。

(1)质量控制主要包括读取质量评估(read quality assessment)、读取质量修剪(quality trimming)、引物和接头的去除(primer and adapter removal)、低复杂度序列的去除(low complexity sequence removal)等。

(2)读取质量评估是质量控制的首要步骤,主要依赖于测序平台提供的质量分数,例如 Illumina 平台的 Phred 分数。通过这些质量分数,我们可以针对每一个碱基,计算出错误发生的概率,从而评估整个读取的质量。这一过程通常会生成质量分布的统计图表,帮助我们了解和评估整体的数据质量。

(3)读取质量修剪是根据质量评估的结果,对低质量的碱基进行修剪。一种常见的算法是滑动窗口算法,它设置一个固定大小的窗口,从读取的一端开始滑动,当窗口内的平均质量分数低于设定阈值时,就将窗口及其后的碱基全部修剪掉。

(4)在某些测序策略中,读取可能包含非目标序列,如引物和接头。这些序列通常在实验设计阶段就已经知道,因此可以通过模式匹配的方式进行去除。此处通常使用的算法是序列比对算法。

(5)低复杂度序列(LCRs),如简单重复序列,可能会干扰后续的比对和组装。在DNA序列和蛋白质序列中,都存在着低复杂度区域。许多算法已经被开发出来用于识别DNA序列中的LCRs,如EULER、REPuter。在蛋白质序列中识别LCRs的大部分算法都使用了滑动窗口技术,包括但不限于DSR、P-SIMPLE等。这些算法通过在蛋白质序列上移动滑动窗口,对窗口中的序列复杂度进行评估,从而识别出低复杂度区域。

经过以上步骤的预处理后,需要进行质量控制,评估预处理的效果。这一步通常会生成预处理后的质量分布图表,和原始数据进行比较,以确定数据的质量是否达到后续分析的要求。如果数据质量不达标,则需要调整预处理的参数,再次进行预处理。

4.2.2　序列比对算法

在生物信息学中,序列比对算法(sequence alignment algorithms)是一类重要的工具,用于比较和分析生物学序列(如DNA、RNA或蛋白质序列)之间的相似性和差异性,从而揭示它们之间的演化关系、功能关系或结构关系,同时在基因表达水平的定量分析中起到重要作用。

序列比对算法主要包括全局比对(global alignment)和局部比对(local alignment)两种方法。

1. 全局比对算法

全局比对算法(global alignment)将整个序列进行对齐,寻找两个序列间的最佳匹配,并考虑到插入、删除和替换等不同类型的变异。Needleman-Wunsch算法[1]是最经典和常用的全局比对算法之一,算法通过动态规划的方法,计算两个序列之间的最佳比对得分和对齐方案,算法的关键步骤如下。

(1)创建一个二维矩阵,矩阵的行和列对应于待比对的两个序列的长度加一。初

始化第一行和第一列为 0,并根据匹配规则(如得分矩阵)设置其他单元格的初始值。

(2)从矩阵的(1,1)位置开始,按行或按列依次计算每个单元格的得分。方法如下。

对于当前单元格(i,j),分别计算三个可能的得分:上方单元格的得分加上由于插入或删除(gap)造成的罚分,左方单元格的得分加上 gap 罚分,以及左上方对角线单元格的得分加上序列中对应位置的匹配得分(或替换罚分)。

在这三个得分中选择最大值作为当前单元格的得分,并记录最大值对应的操作(匹配、插入或删除)。

(3)继续计算并填充矩阵的其他单元格,直到计算完所有单元格。

(4)从矩阵的右下角开始回溯,根据记录的操作,构建最佳的对齐方案。回溯过程可以通过向左、向上或向左上方移动来找到最佳路径,直到回溯到矩阵的左上角。

(5)根据最佳路径,得到两个序列的对齐结果,其中插入或删除操作会用特殊符号(如破折号)表示。

通过 Needleman - Wunsch 算法,可以找到两个序列之间的最佳比对得分和最优的对齐方案。全局比对算法在研究物种间的进化关系、寻找共同特征或预测蛋白质结构等方面具有广泛应用。

在生物学中,全局比对算法的局限性在于无法捕捉到一些序列中的局部相似性。例如,在研究蛋白质序列时,人们发现有些蛋白质虽然整体序列差异较大,但在某些特定的局部区域却展现出相同的功能,并且这些局部区域的序列相对保守。由于全局比对算法会比对整个序列,它无法准确找到这些局部相似序列。另外,在真核生物的基因组中,内含子片段表现出很大的变异性,而外显子区域相对保守。全局比对算法在这种情况下也会受到限制,无法有效地发现这些具有局部相似性的序列。为了解决这些问题,生物学家提出了局部比对算法,

2. 局部比对算法

局部比对算法(local alignment)将注意力集中在特定的局部区域,并将它们进行对齐,从而捕捉到序列中的保守性和功能关联,其中最具代表性的就是 Smith - Waterman 算法[2]。它通过动态规划的方式,在序列中寻找最优的局部比对得分和对齐方案,算法关键步骤如下。

(1)创建一个二维矩阵,矩阵的行和列对应于待比对的两个序列的长度加一。初

始化矩阵中的所有单元格为 0,并根据匹配规则(如得分矩阵)设置其他单元格的初始值。

(2)从矩阵中的(1,1)位置开始,按行或按列依次计算每个单元格的得分。计算方法如下。

对于当前单元格(i,j),分别计算四个可能的得分:上方单元格的得分加上 gap 罚分,左方单元格的得分加上 gap 罚分,对角线上的左上方单元格的得分加上序列中对应位置的匹配得分(或替换罚分),以及零得分。

在这四个得分中选择最大值作为当前单元格的得分,并记录最大值对应的操作(匹配、插入、删除或零得分)。

(3)继续计算并填充矩阵的其他单元格,直到计算完所有单元格。

(4)从矩阵中找到最大得分的单元格,该单元格即为最佳的局部比对结束点。

(5)从最大得分的单元格开始,根据记录的操作,回溯到得分为零的单元格。这样就得到了局部比对的最佳路径,也就是两个序列的最佳局部对齐方案。

通过 Smith – Waterman 算法,可以找到两个序列中的局部相似性区域,并得到最佳的局部比对得分和对齐方案。这种方法特别适用于寻找相对短的共同片段或检测序列中的重复区域。局部比对算法在生物信息学研究中具有广泛的应用。在蛋白质序列比对方面,它能够准确地找到蛋白质中的保守结构域或功能区域,为进一步研究蛋白质的功能和相互作用提供重要线索。在基因组学研究中,局部比对算法可以帮助鉴定基因的外显子区域、寻找重复序列或检测基因组变异。

基本局部比对搜索工具(basic local alignment search tool,BLAST)算法[3]是一种在局部比对基础上通过启发式算法实现在大型数据库中寻找比对序列的近似比对算法。BLAST 算法的核心是使用了两个关键的技术:快速查找和快速比对。首先,快速查找使用了数据结构和索引技术,基本原理是利用序列中的局部相似性来推断序列之间的关系。算法首先创建一个查询序列的子序列(即 k 个字组合成一个表,称为 k – mer),然后在数据库中搜索包含相似 k – mer 的序列。这些相似的序列被称为候选序列。接下来,算法会对候选序列和查询序列进行比对,计算它们之间的相似度得分。快速比对则使用了动态规划算法,如 Smith – Waterman 算法,来计算序列之间的最优比对。BLAST 算法的输出是按照相似度得分排序的候选序列列表。较高得分的序列表示与查询序列的相似性更高。这些相似性的匹配可以用于预测序列的功能、结构和进化关

系,对于生物学研究和序列注释具有重要意义。

在生物信息学中,BLAST 算法是一种非常重要的工具,它可以帮助我们在大型数据库中寻找与给定序列相似的序列。然而,随着科技的发展,特别是二代测序技术的出现,我们不再只是寻找相似的序列,而是需要将大量的短读(short reads)比对到参考基因组上,这就引出了另一种重要的算法——Reads Mapping 算法。Reads Mapping 算法的任务是处理大量的数据,并且需要在短时间内完成比对,这就需要我们使用更高效且精确的算法和数据结构。常见的 Reads Mapping 算法包括 BWA(burrows - wheeler aligner)、Bowtie 和 SOAP(short oligonucleotide analysis package)等。BWA 是一种基于 Burrows - Wheeler Transform 和 FM - Index 的快速准确的 Reads Mapping 算法。BWA 首先将参考基因组进行 Burrows - Wheeler Transform,然后构建 FM - index。在比对阶段,BWA 使用回溯搜索策略在 FM - index 上查找短读,从而实现快速准确的比对。Bowtie 是一种超快、超节省内存的短读比对工具,Bowtie 使用了一种称为“双索引”的策略,即同时对参考基因组和短读建立索引,从而进一步提高比对速度。SOAP 是一种全面的短读分析工具包,它包括 SOAPaligner 和 SOAPsnp 等多个模块。SOAPaligner 模块使用种子策略和双哈希表数据结构进行短读比对,能够处理包括错配、插入和缺失在内的各种类型的变异。

4.2.3　基因组组装

基因组组装(genome assembly)是生物信息领域的另一个核心问题,由于不是所有的生物都有已知的构建好的参考基因组可用于对所测得的序列进行比对,这时候就需要应用从头组装(de novo assembly)的算法,对所测得的短序列进行拼接组装,生成较长的完整序列用于进一步的分析。

从头组装的过程通常包括以下几个步骤。①数据预处理:首先,原始测序数据经过质量控制和去除低质量读段(reads)、适配序列等处理,以减少噪音和提高数据质量。②序列组装:在这一步骤中,reads 被组装成较长的连续序列,称为 contig。这个过程根据 reads 之间的重叠关系和其他特征来寻找序列的重叠区域,并将它们组装在一起。③contigs 连接:由于测序数据中可能存在重复的或不完整的区域,生成的 contigs 可能是不完整的。在这一步骤中,通过使用配对末端信息或长 reads 进行 contig 之间的连接,来增加 contigs 的长度和准确性。④比对和校正:将原始测序数据与组装得到的 contigs 进行比对,以进一步验证和校正组装的结果。这可以帮助检测和纠正可能的错误或嵌合体。⑤结果评估:对组装结果进行评估,包括评估基因组的完整性、覆盖率、重复序列等指标,以及检测可能的基因组重组、基因家族等特征。

从头组装在基因组学研究和生物信息学领域具有重要的应用,特别是对于那些没有参考基因组序列的物种或者需要更准确进行基因组重建的情况。它可以帮助揭示物种的基因组结构、功能元件、基因家族、进化历史等重要信息,促进生物学研究和应用。常用的基因组从头组装的算法包含有德布鲁因图(de Bruijn graph,DBG)、overlap layout consensus(OLC)、贪婪算法等。

DBG 组装方法是当前 NGS 测序序列组装中最常用的方法之一。它是基于 k - mers 方法的一种图算法,可以将短 reads 分解为更小的 k - mers,并通过重叠 $k-1$ 个碱基来将它们拼接在一起。DBG 组装方法的实现主要包括以下三个步骤。①拆分 k - mer:这一步将测序得到的 reads 打断为长度为 k 的子序列(k 小于 reads 的长度)。例如,对于输入序列 AGTTA 和 $k=3$,所拆分得到的子序列为:AGT、GTT、TTA。②构建德布鲁因图:在这一步中,利用拆分得到的 k - mer 作为图的节点,如果两个 k - mer 之间有 $k-1$ 个重叠字符,则将它们连接在一起形成有向图中的边。这样,所有拆分得到的 k - mers 就可以构成一张很大的有向图,即德布鲁因图。在图中,每个 read 被映射成为一条路径,而基因组装问题则变成了在德布鲁因图中寻找一条包含所有 reads 的最佳路径。③寻找最佳路径:这一步的目标是在德布鲁因图中找到一条包含所有 reads 的最佳路径,从而完成基因组装。

OLC 也是一种基于图的算法,通过重叠相似的序列来构建重叠图,主要是适用于一代测序和三代测序技术所得到的相对较长的 reads 组装,它的步骤可以整体概括为以下三步。①Overlap:寻找 reads 间的重叠,即对所有的 reads 两两比对,找到重叠信息;②Layout:根据得到的 reads 重叠信息重新组合 reads,形成重叠群(即 contig),然后将 contig 进一步排列,得到许多较长的 scaffolds;③consensus:即根据形成的 contig 片段的原始数据质量,寻找一条质量最重的路径,从而获得 consensus 序列。通过对 consensus 序列进行拼接,最终可获得基因组序列。String graph 算法是 OLC 算法的一种变形,它认为将序列切成 k - mer 之后再拼接是没有必要的。因此 String graph 是将 reads 直接作为节点拼接成全局重叠图。

贪婪算法是一种高效的基因组组装算法,旨在尽可能地通过局部最优解来寻找全局最优解,通过对序列比对和拼接,以建立更长的序列。贪婪算法按顺序处理每个序列片段,并尝试将其与现有的序列块进行匹配。如果找到了一个匹配项,那么就会将读段加入这个序列块中。匹配过程一般基于某种形式的重叠,例如,在两个读段的末尾找到足够数量的相同碱基对。当所有的读段都被处理后,这些序列块就组成了整个基因组。虽然贪婪算法在许多情况下都很有效,但它并不总是能找到最优解。特别是在存在大量重复序列或序列中包含许多错误时,贪婪算法可能会遇到困难。因此,对于复杂的基因组,贪婪算法常常与其他的算法(如图算法)结合使用,以更好地处理这些问题。

4.2.4　基因表达统计分析

经过测序数据的处理,包括测序数据质控、比对到参考基因组以及基因表达量的估计等。随后是核心的基因表达统计分析(statistical analysis of gene expression)过程,包含数据填充、聚类分析、特征降维及差异表达分析等。

4.2.4.1　数据填充(data imputation)

由于各种实验环境与操作问题等原因,测序技术所测得的基因表达数据通常是在不同实验条件下基因表达水平的大矩阵形式,而且普遍存在缺失值问题。由于缺失数据点会对下游分析产生不利影响,许多算法被提出来填充缺失值。基于算法中使用的信息类型,算法可大致分为四类:全局方法、局部方法、混合方法和先验知识辅助方法。

全局方法这一类算法是基于从整个数据矩阵中得到的全局相关信息来进行缺失值填充。这类算法的基本假设是表达矩阵中所有基因或样本之间存在一个全局协方差结构。但当这种假设不合适时,即当基因表现出优势的局部相似结构,这一类算法也就不那么准确了。局部方法分类的算法仅仅利用数据集中的局部相似结构来进行缺失值的填充。只有与包含缺失值的基因高度相关的基因子集被用来计算基因中的缺失值。混合方法即混合类全局与局部方法的思想。最后一类基于先验知识的算法是将一些已知的知识或外部信息集成到数据填充过程中。领域知识的使用显著提高了数据填充的精度,超过纯数据驱动的方法,特别是对于样本数量少、有噪声或有高漏失率的数据集。下面的表4.1分组介绍了数据填充算法[4]。

表4.1　数据填充算法分类

算法	分类	方法
SVDimpute	全局方法	基于 SVD(singular value decomposition)
BPCA	全局方法	贝叶斯主成分分析
KNNimpute	局部方法	基于 KNN(K nearest neighbor) 算法
SKNNimpute	局部方法	基于 KNN(K nearest neighbor) 算法
IKNNimpute	局部方法	基于 KNN(K nearest neighbor) 算法
GMCimpute	局部方法	基于高斯混合聚类方法
LSimpute	局部方法	单一线性回归
LLSimpute	局部方法	多元线性回归
SLLSimpute	局部方法	序列多元线性回归
ILLSimpute	局部方法	迭代多元线性回归
RLSP	局部方法	主成分最小二乘回归
BGSregress	局部方法	线性和非线性回归与贝叶斯基因选择
CMVE	局部方法	多重平行归算的线性回归
AMVI	局部方法	具有自动测定内参基因数目的 CMVE
ARLSimpute	局部方法	基于最小二乘回归的 AR 建模
LinCmb	混合方法	结合局部和全局的方法
POCSimpute	先验知识辅助	运用微阵列实验过程的知识
GOimpute	先验知识辅助	运用 GO 数据库的信息
HAIimpute	先验知识辅助	利用组蛋白乙酰化信息
WeNNI	先验知识辅助	在加权最近邻中使用点质量信息
WeNNI_BC	先验知识辅助	使用单通道耗尽信息进行偏置校正
iMISS	先验知识辅助	使用多个外部引用数据集
metaMISS	先验知识辅助	使用从微阵列数据库中获得的数据库矩阵

4.2.4.2　批次效应矫正(batch effect correction)

测序结果会受到一些非生物变量的微小差异的影响,比如来自不同公司的试剂、不同的技术人员,甚至实验环境等都对数据有所影响。"batch"指在同一平台上在一个地点短时间内所产生的数据,而由于这些实验变化所带来的累积误差被称为"批次效应"(batch effects)。因此,有很多算法已经被应用到识别和消除批次效应带来的影响。Combat 是一种基于经验贝叶斯的方法,通过独立估计每个基因批次的位置和规

模来调整参数,从而达到整个多个彼此的基因表达数据或者单细胞测序数据的目的。

CCA(canonical correlation analysis)是一种统计方法,用来研究两个或多个变量之间的关系,每个变量至少包含两个变量,其目的是将一组因变量或标准变量与另一组独立变量或预测变量联系起来。CCA 通过找到最大相关的数据集之间的特征的线性组合,识别数据集之间的共享相关结构,从而将不同的数据集整合到一起。CCA 还被用于大量样本的多模态基因组分析,例如,确定基于同一组样本的基因表达和 DNA 拷贝数测量之间的关系。

MNN(mutual nearest neighbours)算法是另一种用于单细胞测序数据之间批次效应矫正的方法,他是根据不同批次之间的 MNN 找到批次之间最相似的细胞,从而实现了数据的整合。MNN 算法对细胞间表达值的差异提供了批量效应的估计,通过对许多这样的样本进行平均,可以使其更加精确。从估计的批处理效果中获得一个修正向量,并应用于表达式值来执行批处理修正。该方法自动识别批次间种群组成中的重叠,只使用重叠子集进行校正,从而避免了其他方法所要求的组成相等的假设。

4.2.4.3 基因表达降维分析(dimension reduction of gene expression profiles)

一个人类的 RNA - seq 数据集可转化量化成包含多达 25000 个基因的表达值。而对于实际的测序数据集,这些基因中有许多是不能提供信息的,且许多基因在各样本的大部分表达值为零。即使在质量控制步骤中过滤掉了这些零计数基因,一个数据集的特征空间也可能有上万维。为了减轻下游分析的计算负担,减少数据中的噪声,并实现数据可视化,可以使用几种方法来降低数据集的维数。

对基因表达数据进行降维的第一步通常是特征选择,此步骤的目的是对数据集的基因进行过滤,以只保留对数据中样本的异质性所能"提供信息"的基因。一个常见的方法是通过计算基因的方差与平均值的比例(即 dispersion)来筛选信息量大的基因。经典的用于降维的方法就是主成分分析(principal component analysis,PCA)[5]方法。PCA 是一种线性的降维方法,通过最大化捕获的残差方差来产生降维。虽然主成分分析不能像非线性方法一样在少数维度上捕捉数据的结构,但它是目前多数可用的聚类或轨迹推断分析工具的基础。通常,PCA 通过数据集顶部的 N 个主成分来总结数据集,其中 N 可以通过"elbow"图来确定。在测序数据分析过程中,常将基因表达谱投影降维到一个二维的空间进行可视化。其中第一种常用的方法是 tSNE(t - distributed stochastic neighbor embedding)[6]。tSNE 算法是用于可视化高维度数据的一种非线性降维算法,它的目的是将多维数据映射到可观察的两个或多个维度。tSNE算法通过对每个相互靠近的数据点进行建模,从而找到高维空间到低维空间的一种映射关系,并且最小化所有点在这两个分布之间的差距,其中高维空间中数据点分布假设为高斯分布,而在低维空间中为 t 分布。tSNE 算法是以全局结构为代价获取局部相似度。因此,这些可视化可能会夸大样本群体之间的差异,而忽视样本之间的潜在联系。

另一种常见的替代方法是 UMAP(uniform approximation and projection)方法,它也是一种非线性降维的方法,建立在黎曼几何和代数拓扑理论框架之上。相比于 tSNE,它的优点在于保留局部异质性的同时更好地保留了全局的拓扑结构,而且计算效率更快,耗时更短。

4.2.4.4　聚类分析(cluster analysis)

对由测序数据获得的基因组表达数据进行聚类分析,是测序数据分析的关键步骤。以下以单细胞测序为例介绍聚类分析。通过对单细基因表达谱的聚类分析,可推断出细胞的种类。聚类是通过根据细胞基因表达谱的相似性评判来将细胞分组来实现的。基因表达模式相似度是通过距离度量来确定的,通常以降维之后的表达谱作为输入。相似性评价的一个常见的例子是欧几里得距离计算 PCA 降维表达空间。

聚类是一个经典的无监督机器学习问题,直接基于距离矩阵进行计算。通过最小化细胞类内距离或在减少的表达空间中发现密集区域,细胞被分配到不同的簇中。流行的 k – means 聚类算法通过确定聚类中心并将细胞分配到最近的聚类中心来将细胞划分为 k 个聚类,每个类别的中心位置通过不断的迭代优化而被找到。这种方法需要一个预期簇数的输入,但这通常是未知的。k – means 对单细胞数据的应用在可使用不同的距离度量中,可以计算欧式距离,也可计算余弦距离。

Louvain 算法和 Leiden 算法是另一类经常被用于单细胞测序数据中细胞簇分类的算法。簇群检测方法(community detection)是一种图划分算法,因此依赖于单细胞数据的图表示,这种表示可以使用 k 近邻法(k nearest neighbour,KNN)图得到。细胞在图中表示为节点,每个细胞都连接到它的 k 个最相似的细胞,这些细胞的距离通常使用 PCA 降维后的表达式空间上的欧氏距离来计算。根据数据集的大小,k 通常被设置为 5 ~ 100 个最近邻之间,此结果图是为了捕获了细胞基因表达数据的底层拓扑结构。通过这种方法,空间的密集采样区域就被表示为图的密度连通区域,然后利用簇群发

现的方法对这些密度区域进行检测。这种方法通常比聚类的方法更快,因为大大减少了对可能集群的搜索空间,只有相邻的细胞对必须被认为属于同一集群。

4.2.4.5　差异基因表达分析(differential expression analysis)

基因表达数据的常见研究问题是检验在两种实验条件下是否有基因表达差异[7]。经典的算法就是 t 统计检验(t-test)方法,其主要原理就是针对每一个基因计算一个 t-statistics 来衡量两类样本中基因表达的差异,然后根据 t 分布计算出显著性 P 值来衡量某个基因的表达量在不同的分组是否存在着显著差异。FC(fold change)方法也被用于研究基因差异表达的问题,它的原理是计算每一个基因在不同类样本中的平均表达水平的倍数值,若某个基因的 FC 值达到预先设定的阈值或者处于绝对值较大的排序位置,则认为该基因在这两组中存在着差异表达。

4.2.5　全基因组关联分析

全基因组关联分析(genome-wide association studies,GWAS)是指在基因组水平进行大量样本与复杂疾病和性状的关联性分析,从而全方位地分析疾病的发生发展机制,筛选出与疾病相关的致病基因及变异位点。全基因组关联分析的研究对象和统计分析大致可以分为以下两种情况。

(1)基于无关个体的关联分析:这种分析包括病例-对照研究和随机群体的关联分析。在病例-对照的关联分析中,研究的主要对象是质量性状,可以使用卡方检验、Logistic 回归、相对危险度和归因分析等方法来比较基因频率在实验组和对照组间的差异。基于随机群体的关联分析主要针对数量性状,可以利用线性回归和方差分析来研究单核苷酸多态性(single nucleotide polymorphism,SNP)与某一数量性状的关联。

(2)基于家系群体的关联分析:这种分析主要利用传递不平衡检验对遗传标记与质量表型和数量表型进行关联研究。这些方法的选用主要取决于研究对象的特性和研究目标。通过合适的分析方法,我们可以更准确地找出与疾病或其他性状相关的遗传变异,为理解疾病机制和疾病预防提供重要信息。

4.2.6　变异检测

人类遗传学家感兴趣的另一个生物学领域是基因组的多样性,以及复杂的基因疾病和癌症的形成和治疗,这就需要变异检测(mutation detection)。例如使用 NGS 可以识别特定类型的癌症的驱动突变,通常为一些结构性或非编码区域的基因变异。这其中关于 NGS 数据的分析包括很重要的一个步骤 variant calling。千人基因组计划也已经形成了一个公开的、越来越全面的人类基因组变异图谱[8]。人类基因组上的变异主要包含 3 种:单核苷酸变异(如 SNP)、小的片段插入或者删除(indel)和大的结构变异。Variant calling 这一步通常是发生在所测到的 reads 与参考基因组比对或进行 de novo assembly 之后,通过结果信息发现可能的基因组变异。PairHMM 模型是经典的应用在 variant calling 中的一种概率模型算法,它首先根据参考基因组找到那些高变异的区间,然后对区间内的数据及基因组进行组装并且预估单倍型,且预估在单倍型中的最大似然值(maximum likelihood)。最后利用贝叶斯公式计算每种基因型的概率值,并与参考基因组对比,得出是否发生变异。

4.3　生物安全数据分析工具和软件

生物安全数据分析工具和软件多种多样,本章主要针对其中具有代表性的基因测序技术分析工具和软件进行了说明和介绍。同时,针对大数据分析形势下生物安全数据安全合规分享问题,本部分介绍了当前流行的各种隐私计算技术和工具。

4.3.1　基因测序技术分析工具和软件

4.3.1.1　测序数据上游分析

测序数据的上游分析包含测序质量控制、去接头、序列比对等关键步骤,如表 4.2 所示,对测序数据上游分析详细工具介绍如下。

1. 质量控制(quality control)

基因测序所得的数据通常存放在 fastq 文件中,这是目前所使用的最普遍以及公认的存储数据结构。fastq 存放的是来自测序仪的原始数据,是由测序仪产生的图像数据转换而成的文本文件,文件后缀通常为. fastq 或. fg,或者经过压缩后的. fq. gz 或 fastq. gz。fastq 文件中,每四行是一个独立的单元,其中包含的是关于一条 read 的信息。每个单元的第一行以"@"开头,存储的是该条 read 的名字;第二行存储的是 read

的序列,其中只包含 A、T、C、G、N 五种字母;第三行以"＋"开头,通常不存储任何信息;第四行存储的是 read 中每一个碱基对应的测序质量值,通常用 ASCII 码表示。测序质量值是用来表述所测得的每一个碱基的可靠程度,即质量值越高,该碱基值被测得正确的概率也就越高,质量值越低,测得的碱基值出错的概率就越高。

在 NGS 测序仪工作的过程中,基本都是以输入的某一条 DNA 链为模版,通过边延长该 DNA 序列边测序的方法,得到 DNA 的序列信息。DNA 链的延长靠的是化学反应,但随着链的延长,DNA 聚合酶的效率会不断下降,这也会导致所测得的序列信息的准确性下降。测序数据的质量会直接影响到下游分析中得到的信息的可靠性,因此,拿到存储了测序数据的 fastq 文件之后,第一步就是对数据进行质控(quality control,QC)。应用的最为广泛的数据质控软件为 FastQC,这是一个 java 程序,会从 reads 中各个位置的碱基质量分布情况、分布比例、GC 碱基的含量分布、N(未知碱基)的含量等方面给出一份 QC 报告,并同时给出以上几个方面的统计数据图。FastQC 软件只能根据每一个 fastq 文件给出一份报告,有时一个样本的测序数据往往被拆分为多个 fastq 文件,MultiQC 软件则是用来总结这些由 FastQC 产生的多个 QC 报告。

2. 去接头(adapter trimming)

在待测序列片段上机测序之前,通常会给每一个片段加上一段称之为"接头"的片段,目的是使序列片段在测序仪中能被固定住,从而能捕获序列信息。因此,我们在进行下游的数据分析之前,需要把这段接头序列给去掉。常用的去接头的软件有 fastp、trimmomatic 等,这些软件会切除掉序列前的一段接头序列,同时也可以将一些低质量的 reads 过滤掉,如某些测得的碱基质量都偏低的 reads,或者只是由接头序列拼接而成的 reads。

3. 序列比对(sequence alignment)

在进行了质控与去接头步骤之后,我们就得到了只保留了基因组信息的干净的 reads,接下来是要通过用已有的 reads 与已知的生物体的基因组进行比对,就能知道 reads 中的序列是对应基因组的哪个位置(非编码区)或者某个基因,从而知道 reads 所包含的序列对应的功能。根据前面提到的不同的比对算法,常见的几种软件就包含 BWA[9]、STAR 等。Reads 通过比对软件比对到基因组之后,生成的信息会存储在 bam 文件中。bam 文件是目前最通用的比对数据的存储格式,是一种高压缩格式,sam 文件则是 bam 文件的纯文本格式。bam 文件中记录了关于每一条 read 比对结果的所有信息,包括比对到的染色体、染色体位置、比对质量值等信息。Samtools 是一套用于操作 bam 文件的软件,例如查看、打开和排序等操作。IGV(integrative genomics viewer)是一个用于直观可视化 bam 文件中所存储的比对结果的软件。

4. 基因组从头组装(de novo assembly)

对于没有参考基因组的生物,我们通常会通过对所测得的 reads 进行从头组装,从而得到所测生物的基因组信息,常用的基因组组装软件包括 Velvet、Trinity,其中 Trinity 更常用于 RNA - seq 数据的分析中。

表4.2 基因组数据上游分析常用工具

步骤	工具
质量控制	FastQC、MultiQC
去接头	Fastp、trimmomatic
序列比对	BWA、STAR
基因组从头组装	Velvet、Trinity

4.3.1.2 测序数据下游分析

序列比对之后,通常得到一些".bam"或".sam"文件,根据测序类型不同,分析流程会有所不同。

1. RNA - seq 分析

RNA - seq 主要是针对细胞中的转录本进行测序,RNA - seq 分析可分为对大量样本测序数据的分析(Bulk RNA - seq)以及对单个细胞样本测序数据的分析(scRNA - seq)。其中 Bulk RNA - seq 与 scRNA - seq 分析流程很大一部分是相同的,比如比对之后对转录本进行定量分析,基因表达谱的标准化,批次效应矫正以及基因表达差异分析的步骤都是一样的,但是 scRNA - seq 分析中还涉及对于细胞种类的分类,以及细胞拟时序分析等分析内容。Bulk RNA - seq 分析中,常用于转录本定量的软件包括 Cufflinks、Stringtie 等,另一种方法是基于非比对方法的转录本定量,例如 Kallisto、Salmon 等软件,而应用于 Bulk RNA - seq 差异基因表达中的软件主要有 DESeq2、EdgeR 以及 limma 等 R 语言工具包。用于 scRNA - seq 的分析软件主要有 Cellranger、Scanpy 和 Seurat 等软件,其中 Cellranger 主要是应用于 10 × Genomics 技术产生的数据上游分析,而 python 包 Scanpy 和 R 语言工具包 Seurat 则主要是集成了 scRNA - seq 中

对于批次效应的矫正、基因表达谱降维、聚类分析、差异表达基因分析以及细胞拟时间序列分析等所需要的所有算法。关于转录组的分析还有一个重要的内容是对于基因富集通路的分析,主要目的是通过基因表达谱中的差异基因与数据库中细胞通路所包含的基因进行比较,发现某些基因表达量比较高的细胞通路,所用的工具主要有GSEA 和 clusterProfiler 等 R 语言工具包,所用到的数据主要有基因本体(gene ontology,GO)[10]及京都基因和基因组数据库(Kyoto encyclopedia of genes and genomes,KEGG)[11]数据库。

2. 表观基因组分析

染色质免疫沉淀反应(chromatin immunoprecipitatio,ChIP-seq)和染色体可及性测序(assay for transposase-accessible chromatin,ATAC-seq)都属于表观遗传学的技术。ChIP-seq 是将 ChIP 与二代测序结合的技术,主要是应用于检测 DNA 与组蛋白,转录因子等之间相互作用的区域。ATAC-seq 是研究开放性染色质区域的技术。对于这两种数据的分析中常使用 BWA 或者 Bowtie2 为比对软件,产生了存储比对信息的 bam 文件之后,下一步是为了识别某些信号,也就是 reads,富集的区域(peak calling),这一步常用到 MACS 或 MACS2 软件。找到 Peak 之后,ChIPpeakAnno、ChIPseeker 等软件常用来对找到的 peak 进行注释。另外,ATAC-seq 分析过程中还会涉及某些特殊的 DNA motif 分析,这一步可用的软件有 MEME suit、Homer 等工具集。

3. GWAS 分析

全基因组关联研究(genome-wide association studies,GWAS)的目的是扫描整个物种的基因组,以找出多达数百万个 SNP 与特定感兴趣的特征之间的关联。感兴趣的特征实际上可以是归属于该人群的任何类型的表型,无论是定性的(如疾病状态)还是定量的(如身高)。PLINK 则是针对 GWAS 分析开发的一套完整且全面的分析工具。

4.3.2 生物安全数据共享:隐私计算技术和软件工具

生物安全数据种类多(如电子病历数据、基因数据、生物图像数据、生化数据等),体量大(如个人全基因组测序在几百 GB),数据频率高(如实时的移动医疗数据),包含大量的个人敏感信息。随着大数据挖掘和人工智能在生物安全数据分析领域不断渗透和发展,以及生物安全科学研究的不断深入,生物安全数据分享的需求日益增强,随之衍生而来的隐私和安全问题同样任重道远。其中极大的挑战之一就是数据使用过程中涉及个人敏感信息的泄露风险和保护的问题。例如通过比较男性的 Y 染色体和公开的基因族谱数据库可以恢复个体的姓氏。另一项科学杂志的研究发现,通过几十个统计学上独立的基因位点(如 SNP)很大程度上可以唯一确定一个个体,以及通过基因数据预测个体的体征信息(如声音、眼睛、肤色、身高、体重和年龄等信息)。同时,基于生物安全数据的各项科学研究通常需要大量样本,单一数据源很难满足这样的需求。然而涉及多方的数据共享面临很多挑战,不同国家和组织可能有不同的隐私保护的法律法规以及政府约束,同时生物安全数据(比如基因数据)涉及大量个人隐私信息,直接分享可能造成数据的滥用和隐私的泄露,这使得各个数据源并不能够有效地在多中心合作的模式下直接分享自身数据,造成了数据孤岛问题,影响研究合作的开展。

目前主流研究方向和技术工具包括但不限于数据脱敏和数据消隐、同态加密、多方安全计算、可信执行环境,以及联邦学习等。

4.3.2.1 数据脱敏和数据消隐

数据脱敏和数据消隐(data masking)是生物安全数据技术重要的组成部分。各种生物数据研究中通常包含着大量的个人敏感信息(比如电子病历数据)。因此,数据脱敏/消隐是一种非常重要的隐私保护手段。数据脱敏中最常用的标准是美国《医疗电子交换法案》(HIPAA)中提到的安全港(safe harbor)方法,规定了用来实施数据脱敏的标准,具体要求了需要剔除的 18 种可能用来识别出个人的标识符。通过安全港方法脱敏后的数据可以在 HIPAA 管辖的范围内免责地与其他数据源进行数据的安全分享。另一方面,大量研究表明传统的数据脱敏方法并不完善,按照 HIPAA 安全港方式脱敏的数据依然存在泄露个人信息的风险。此外,HIPAA 并没有明确规定基因数据如何实现数据脱敏。常用的数据脱敏工具有以下几种。

(1)ARX:此工具是一个开源程序,可对敏感数据进行完全匿名化。ARX 可以处理大型数据集,适用于企业级规模的数据处理,很多商用大数据平台、研究项目以及临床试验数据共享项目已经广泛使用此项技术。

(2)Aircloak:该工具十分强大,可以满足 GDPR 标准(欧盟通用数据保护规范)。

它已被银行部门、医疗保健行业以及其他服务提供商广泛使用。

（3）Anonymizer：此工具适用于匿名化任何需要关注隐私的图像数据。

（4）Amnesia：其来自欧洲雅典娜研究中心，支持 k - 匿名和 km - 匿名方法，允许用户定制化匿名，以在隐私保护和数据可用性之间找到适当的平衡。

其他的免费开源数据匿名工具还包括但不限于：μ - ARGUS、sdcMicro，以及 Anonimatron 等。

数据消隐是另一种广泛采用的数据隐私保护技术，早期方法包括但不限于 k - 匿名、L - 多样性，以及 T - 亲密度等。近来，差分隐私作为一种更为流行的数据消隐技术，被生物安全数据分析领域广泛采用。该方法不需假定特定攻击者的背景知识并在数学上量化了隐私泄露的风险。差分隐私的数学定义如下。

若随机算法 K 对于任何一个输出集合 S 和任意临近集合 D_1，D_2 总有：

$$Pr[K(D_1) \in S] \leqslant \exp(\varepsilon) \cdot Pr[K(D_2) \in S]$$

则称 K 满足 ε 差分隐私，其中 $Pr[\cdot]$ 表示概率，ε 为隐私运算，邻近集合指只相差一条记录的一对数据集合。

一般通过在计算过程或计算结果上加入不同类型的噪音来实现差分隐私的数据分享。拉普拉斯机制和指数机制是两种常用的实现差分隐私方法。例如基于差分隐私的基因数据卡方检验算法，或者将差分隐私技术应用到全基因组关联分析研究中等。

比较有名的差分隐私工具和软件包括：哈佛大学的 OpenDP[12] 以及谷歌的差分隐私开源项目。

4.3.2.2 同态加密

同态加密（homomorphic encryption，HE）是指在加密后的数据上直接进行加密的运算，并且其解密的结果和对明文数据进行同样运算的结果一致的一种技术。区别于传统的密码学技术，同态加密可在密文状态实现特定的计算（如加法、乘法），且密文运算结果解密后，与明文运算、加密传输并解密后的结果直接在明文运算保持一致（图 4.1）。同态加密具体流程为对明文数据加密、传输，对密文执行同态加法或乘法，最后将密文送达接收端，根据编码规则解密获取的密文。已有研究从数学上证明了全同态加密的可行性。通过同态加密，不同敏感数据源之间可以进行加密后的数据共享和分析计算而不泄漏明文信息给任何一方。同态加密分为三种：全同态加密（fully

homomorphic encryption），支持密文上任意次数的加法和乘法运算操作；部分同态加密
（partial homomorphic encryption），仅支持密文上加法或乘法运算中的一种；类同态加
密（somewhat homomorphic encryption），支持有限次数密文上的乘法计算。

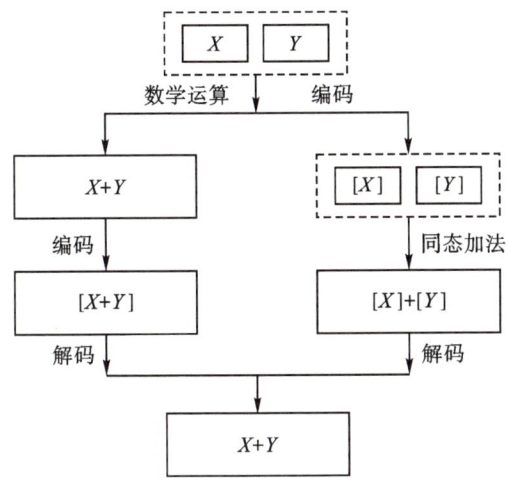

图4.1　同态加密加法示意图

生物安全数据（尤其是基因数据）的分析研究中大量应用了同态加密技术，如对
于罕见病的研究、一般基因数据分析，以及全基因组关联分析[13]等。2020年6月，
IBM发布了适用于MacOS和iOS的完全同态加密工具包，其中Linux和Android版也
即将面世。

4.3.2.3　多方安全计算

图灵奖获得者姚期智院士提出了多方安全计算（secure multi-party computation，
MPC/SMPC）的概念，实现了在保护各方数据隐私安全的前提下的多数据源合作计算。
多方安全计算是在计算的参与方互相不信任且无可信第三方的状况下完成的隐私计
算的方案。参与计算的每一方只拥有计算所需的部分输入，通过网络协同完成一项计
算任务。最终参与方只得到计算函数的输出结果而无法获知其他参与方的输入信息。
该方案的安全性可由多种安全协议保证。

常见的协议包括以下几种。①不经意传输（oblivious transfer，OT）[14]：作为密码学
的基础协议，发送方将多份信息中的一份发送给接受方，接收方以一定的概率接受信
息。②混淆电路（garbled circuit，GC）：将参与方的安全计算函数编译成布尔电路的形
式，并将真值表加密打乱，从而实现电路的正常输出而又不泄露参与方的私有信息。

③秘密分享（secret sharing，SS）：通过将隐私数据划分为多份，每一份分别发给不同的参与方进行联合计算，只有参与方合作才能获取隐私数据，任何单一参与方在不串谋的前提下无法恢复出原始的隐私数据。

生物安全数据分析和研究中大量应用 MPC 技术，如多机构医疗数据记录匹配算法及全基因组关联分析算法[15]等。

4.3.2.4　可信执行环境

可信执行环境（trusted execution environment，TEE）的硬件技术[16]，是通过可信执行环境构建隔离的计算和内存区域（称安全飞地，secure enclave）来保护数据的隐私安全，该区域上运行的数据和代码能够保证完整性和私密性。为防止未经授权的软件或硬件访问，可将待保护的数据和代码存储在飞地中，且飞地中的计算性能基本可与明文计算匹敌。TEE 支持远程证明机制，通过利用硬件信任根对平台软硬件状态进行度量和签名，借助远程证明（remote attestation）机制，TEE 平台的拥有者（或 TEE 算力提供方）可以在不需物理访问的情况下，向其他参与方证明 TEE 平台的可信状态，从而可以在不授信的第三方进行高性能的安全计算，并提供了对于不授信第三方安全计算环境的远程验证。

可信执行环境以美国 Intel 公司的 Software Guard eXtensions（SGX）产品、美国 AMD 半导体公司的 Secure Encrypted Virtualization（SEV）产品、英国 Advanced RISC Machines（ARM）公司的 TrustZone 产品等为代表，其特点是基于软硬件方法构建计算安全区域，具有强安全、高性能、易扩展的特点。

生物安全数据分析和研究中也大量应用了可信执行环境工具，例如有研究团队设计了一种分析罕见病基因数据的系统，关于此类的应用还有高效的基因数据分析框架、基于安全的基因亲缘关系分析方法等。

4.3.2.5　联邦学习

联邦学习（federated learning）是一种多数据源协同合作计算分析的机器学习技术，其保证了各个计算参与方原始数据不出数据域的前提下，实现共同建模。同时，可通过和多方安全计算等技术结合，以保证模型参数在计算过程中的私密性，实现了不分享原始数据情况下的联合更新模型。

定义 N 个参与方各自持有数据集 $\{D_1, D_2, \cdots, D_N\}$ 来训练机器学习模型。传统方法是将数据各数据集合并,使用 $D = D_1 \cup D_2, \cdots, \cup D_N$ 来训练模型 M_{SUM}。联邦学习是使得各参与方协作训练模型 M_{FED},联合训练过程中,任何参与方不会将其持有数据暴露给其他参与方,且联邦学习方法训练出的模型精度需近似于传统数据合并方法训练的模型精度[17],即

$$| V_{\mathrm{FED}} - V_{\mathrm{SUM}} | \leqslant \delta$$

其中 V_{FED} 为 M_{FED} 模型精度,V_{SUM} 为 M_{SUM} 模型精度,δ 为非负实数。

通过联邦学习实现了在不需要交换样本数据的前提下,通过交换运算分析过程中的中间信息实现多参与方的联合建模。根据样本分布情况,联邦学习可分为横向联邦学习和纵向联邦学习:横向联邦学习为样本分布在不同的参与方,且各参与方样本具备相同的特征集;纵向联邦学习为各参与方持有同样的样本,但各参与方的样本特征集不同。根据系统架构情况,联邦学习分为客户端/服务器模式和去中心化模式。服务器/客户端模式一般适用于构建全局模型。各参与方仅在本地使用自有数据训练模型,同时将训练好的本地模型参数上传至中心服务器,中心服务器各模型参数集中合并分析,将整合后的新的全局模型发布给各参与方,直至达到模型训练要求或全局收敛停止迭代。去中心化模式通过各相邻客户端,按商定的参数传输顺序,不断交换本地计算的中间结果,进而逼近全局结果,其适用于分布式算法,如主成分分析、支持向量机等[18]。

目前,多种生物安全数据分析算法使用了联邦学习框架[19-21],Tensorflow 也提供了一系列对联邦学习的算法库支持。同时,国内已有多家公司和研究机构推出了自己的联邦学习平台和软件。

生物安全是至关重要的领域,它与人们的生活、国家的稳定以及世界的和平都息息相关。值得注意的是,生物安全已不再只局限于生物学本身,除生物和生物技术之外,来自其他领域或学科的技术和知识也已经或将被广泛应用于这一领域。本章所介绍的,都只是目前生物安全数据分析中常用的算法、工具和软件,仅作为参考。随着人们对生物安全理解的不断加深,以及各方面技术的不断发展,人们的需求也会不断发生变化。例如,本章所提到的,在这其中较为典型的生物信息学,正是由于基因测序技术的进步而诞生的。基因测序技术的发展产生了海量的基因组数据,效率低下的人工数据分析和处理已不再能满足高速增长的数据分析的需求,从而引入了以计算机科学

和应用数学为基础的算法思想。而在未来,类似的发展势必还会上演。

(孙琪　陈如梵　王爽)

参考文献

[1] NEEDLEMAN S B, WUNSCH C D. A general method applicable to the search for similarities in the amino acid sequence of two proteins[J]. Journal of Molecular Biology, 1970,48:443 – 453.

[2] SMITH T F, WATERMAN M S. Identification of common molecular subsequences [J]. Journal of Molecular Biology, 1981,147:195 – 197.

[3] ALTSCHUL S F, GISH W, MILLER W, et al. Basic local alignment search tool[J]. Journal of Molecular Biology, 1990,215:403 – 410.

[4] LIEW A C, LAW N F, YAN H. Missing value imputation for gene expression data: computational techniques to recover missing data from available information[J]. Briefings in Bioinformatics, 2010,12:498 – 513.

[5] PEARSON K. LIII. On lines and planes of closest fit to systems of points in space[J]. The London Edinburgh and Dublin Philosophical Magazine and Journal of Science, 1901,2:559 – 572.

[6] VAN DER MAATEN L, HINTON G. Visualizing data using tSNE[J]. Journal of machine learning research, 2008,9(11):2579 – 2605.

[7] CUI X, CHURCHILL G A. Statistical tests for differential expression in cDNA microarray experiments[J]. Genome Biology, 2003,4:210.

[8] DURBIN R M, ALTSHULER D, DURBIN R M, et al. A map of human genome variation from population – scale sequencing[J]. Nature, 2010,467:1061 – 1073.

[9] LI H, DURBIN R. Fast and accurate long-read alignment with Burrows-Wheeler transform[J]. Bioinformatics, 2010,26:589 – 595.

[10] ASHBURNER M, BALL C A, BLAKE J A, et al. Gene ontology: tool for the unification of biology[J]. Nature Genetics, 2000,25:25 – 29.

[11] KANEHISA M, GOTO S. KEGG: Kyoto encyclopedia of genes and genomes[J].

Nucleic Acids Research, 2000,28:27 - 30.

[12] GABOARDI M, HAY M, Vadhan S. A programming framework for opendp[EB/
OL]. [2020 - 05 - 11]. https://projects. iq. harvard. edu/files/opendp/files/
opendp_programming_framework_11may2020_1_01. pdf.

[13] LU W J, YAMADA Y, SAKUMA J. Privacy-preserving genome-wide association
studies on cloud environment using fully homomorphic encryption[J]. BMC Medical
Informatics and Decision Making, 2015,15:S1.

[14] RABIN M O. How to exchange secrets with oblivious transfer[J]. IACR Cryptol.
ePrint Arch. , 2005,2005:187.

[15] ZHANG Y, BLANTON M, ALMASHAQBEH G. Secure distributed genome analysis
for GWAS and sequence comparison computation[J]. BMC Medical Informatics and
Decision Making, 2015,15:S4.

[16] FUTRAL W, GREENE J. Intel trusted execution technology for server platforms: a
guide to more secure datacenters[M]. Berkeley:Apress, 2013.

[17] YANG Q, LIU Y, CHEN T, et al. Federated machine learning: concept and
applications[J]. ACM Trans. Intell. Syst. Technol. , 2019,10:Article 12.

[18] ONOSZKO N, KARLSSON G, MOGREN O, et al. Decentralized federated learning
of deep neural networks on non-iid data[EB/OL]. [2021 - 07 - 18]. https://
arxiv. org/abs/2107. 08517.

[19] WANG S, JIANG X, WU Y, et al. Expectation propagation logistic regression
(EXPLORER): distributed privacy-preserving online model learning[J]. Journal of
Biomedical Informatics, 2013,46:480 - 496.

[20] LU C L, WANG S, JI Z, et al. WebDISCO: a web service for distributed cox model
learning without patient-level data sharing[J]. Journal of the American Medical
Informatics Association, 2015,22:1212 - 1219.

[21] JIANG W, LI P, WANG S, et al. WebGLORE: a web service for grid logistic
regression[J]. Bioinformatics, 2013,29:3238 - 3240.

第 5 章
系统分析法与生物安全信息学

生物安全问题常常生于微末,却又能凭借其天生的环境适应能力不断蔓延,最终危害人类社会的安全与稳定。一旦面临生物安全问题,人类不得不从多方入手控制问题扩大化,综合考虑和制订解决方案,这其中涉及生命科学、生态学、数学、社会科学等多个学科和多种手段。如何避免生物安全威胁、阻止生物安全威胁扩大化,必须从宏观的角度加以把握。

系统分析法的基本思想是从系统整体出发,对系统内各个方面的特性和关系进行描述,进而根据实际问题建立结构化模型,最终寻找到解决问题的整体最优解。对于复杂问题,运用系统分析法能够灵活地整合各个影响因素,容纳更多的参考信息。进一步,通过分析因素之间的相互关联,可以识别关键因素。网络方法以节点和边的形式描述影响因素以及因素之间的相互作用,是系统分析法的典型范例。在生物安全防治过程中,网络方法有极为广阔的应用,包括病毒传播、生物防治和犯罪抓捕等多个领域。

5.1 网络构建常用方法

网络包含两个关键要素:节点和边,其中节点表示系统中的成员或者影响因素,而边代表了节点之间的相互作用。网络可以用图的方式呈现,符号表述为 $G = (V, E)$,其中 V 表示节点集合,E 表示边集合。除此之外,还可以对节点和边定义权重,由此反映不同的节点和边对于网络的影响力差异性。不同的节点集合与边集合共同决定了网络的特性,体现了系统的内在结构。因此,对于不同系统,在网络的构建过程中,需针对具体研究对象选择节点,确定节点之间的相互作用类型。这使得网络能够更加精准地描述问题,也有助于防止网络规模过大带来的计算和分析难度。

当研究对象确定时,节点往往也随之确定,相互作用的选取成为影响网络特性的主要因素。节点相互作用表示节点之间的关联,既可以是具体的关系,例如分子相互作用、人际关系以及工作协同关系等,也可以是抽象的关系,例如事件之间的转移概率、两点间距离以及数据相关性等。相比于具体关系,抽象关系的确定显然更为复杂。根据相互作用的选取方式,网络可以分为多种类型,下面主要介绍贝叶斯网络、马尔科夫网络和布尔网络的构建方法。

5.1.1 贝叶斯网络

1958 年,英国统计学杂志 *Biometrika* 刊登了第一篇关于贝叶斯网络的论文,由此开启了贝叶斯理论的新纪元。贝叶斯网络(Bayesian network)是由变量(节点)和变量间的联合条件概率(边)组成的有向无环图,节点中存储每个属性的条件概率表 $P(x|\pi x)$,这里 π_x 表示 x 的父节点。根据贝叶斯网络的链式结构,有联合分布如公式(5-1):

$$P(x_1, x_2, \cdots, x_d) = P(x_1)P(x_2 \mid x_1)P(x_3 \mid x_1, x_2)\cdots P(x_d \mid x_1, x_2, \cdots, x_{d-1})$$

$$(5-1)$$

在贝叶斯网络中,由于每个属性与它的非后裔属性独立,于是联合分布可以记为公式(5-2):

$$P(x_1, x_2, \cdots, x_d) = \prod_{i=1}^{d} P(x_i \mid \pi_{x_i}) \qquad (5-2)$$

贝叶斯网络可以由专家确定网络结构,也可以通过对样本数据的学习来构建。学习方法分为几类:①基于评分搜索的方法,即遍历所有情况,建立评分函数,选择得分最高的情况为最终结果。评分函数有贝叶斯评分函数、K2 评分函数、BD 评分函数、BIC 评分函数等;②基于约束的贝叶斯构建方法。该方法首先检验变量之间的独立

性,进而构建一个包含所有所得条件独立性的有向无环图。典型算法包括 SGS 算法、TPDA 算法等;③基于随机抽样的方法,如蒙特卡洛算法。

5.1.2　马尔科夫网络

马尔科夫网络(Markov network),或称马尔科夫随机场(Markov random field),是一类无向图模型,表述节点之间的依赖关系。顾名思义,马尔科夫网络来源于马尔科夫性质,即当给定现在以及所有过去状态的情况下,未来的状态的条件概率分布仅仅依赖于当前状态,而与过去所有时刻无关。数学上,若给定 $y_1, y_2, \cdots, y_n$ 是按照时间顺序排列的随机变量,且变量之间存在相互关联,则马尔科夫性质表述为公式(5-3):

$$P(y_i \mid y_{i-1}, y_{i-2}, \cdots, y_1) = P(y_i \mid y_{i-1}) \tag{5-3}$$

若变量之间满足马尔科夫性质,则可建立马尔科夫网络,其中节点代表在集合 X 中的一个随机变量,边代表变量之间一种依赖关系。马尔科夫网络通过一个联合分布,或称为吉布斯分布表示。假设网络可以分为 K 个最大团,则吉布斯分布如公式(5-4):

$$P(X = x) = \frac{1}{Z} \prod_{k=1}^{K} \phi_k(x_k)$$

$$Z = \sum_x \prod_{k=1}^{K} \phi_k(x_k) \tag{5-4}$$

其中 x_k 表示随机变量在第 k 个最大团的状态,ϕ_k 为最大团 k 的势函数,Z 为归一化因子,保证 $P(X=x)$ 为合理的概率分布。ϕ_k 根据最大团中随机变量组合出现的可能性列表确定,这个列表可以通过专家打分或数据分析的方式得到。

5.1.3　布尔网络

1969 年,Kauffman 提出了最早的布尔网络(Boolean network)模型,该网络中的节点设定为具有两种状态:开(ON)和关(OFF)。网络中的运算方式为逻辑运算,即与(AND)、或(OR)、非(NOT)和异或(XOR)四种。布尔网络本身非常简单,但它在解释一些结构比较简单的实际问题中具有优越性,如研究基因网络、化学反应以及神经网络等。

网络描述了节点以及节点之间的关联性。在实际中,节点集合和边集合并不要求一成不变,而是可以依据某种规律不断变化。节点集合与边集合(包括集合成员与权重等属性)不改变的网络,称静态网络;节点集合或者边集合(包括集合成员与权重等属性)发生改变的网络,称动态网络。静态网络与动态网络均有广泛的应用,下面介绍两种网络的分析方法。

5.2　静态网络分析

静态网络指网络的节点和边都固定不变的网络。对于那些存在固定相互作用的特定群体,静态网络有广泛的应用。典型的例如生物分子相互作用网络、化学反应网络和社会网络等。固定的节点和边使得网络的特性也保持不变。研究这些网络特性,可以分析节点对于网络的影响力,以及网络的整体特征。除此之外,网络可以分割为较小的子网络,相当于将整个系统进行任务划分。合理的网络分割有助于明确节点之间的协作关系,确定系统的功能实现机制。

5.2.1　节点中心性

对于节点分析,主要集中在衡量节点在网络中的影响力,有以下几种特性。

1. 度中心性

度中心性指与节点相关的边数量,是最直接的节点中心性(node centrality)衡量指标。若网络为有向网络,即边为有向边时,节点的度分为入度(indegree)和出度(outdegree),分别表示指向节点的边数量与从节点出发的边数量。度中心性越高,说明节点能够直接影响的其他节点越多,在网络中也就越重要。

2. 紧密中心性

紧密中心性(closeness centrality)指节点到其他所有节点的最短距离的加和的倒数,评价节点到达其他节点的难易程度。紧密中心性为标准化数值,其表达式通常如公式(5-5)所示:

$$C_v = \frac{N-1}{\sum_{i \neq v} distcane_{vi}} \tag{5-5}$$

其中 $distcane_{vi}$ 表示节点 v 与 i 之间的距离;N 表示节点总数。若节点的紧密中心性小,

说明该节点与其他节点在距离上更为接近。换句话说,节点在几何角度上处于图的中心位置。

3. 中介中心性

中介中心性(betweenness centrality)指节点处于任意两个节点之间的最短路径的次数,用于衡量节点的"桥梁"作用。网络中具有强影响力的节点不仅包含占据网络中心地位的节点,还包括能够串联中心节点的"桥梁"节点。尤其对于两个分离的子图,桥梁节点对于维持二者之间的通讯、保证网络稳定具有极为重要的作用。在计算过程中,需要先计算任意两个节点的最短路径,进而统计节点出现在这些最短路径中的次数。中介中心性越高,说明节点能够串联起的节点对越多。中介中心性高的节点的缺失往往导致网络崩裂,引起网络结构发生变化。

4. 特征向量中心性

特征向量中心性指综合考虑邻居节点的数量和重要性的情况下,节点的中心性,本质上是其邻居节点的中心性加和。记 x_i 为节点 i 的中心性度量,则节点 i 的特征向量中心性 $EC(i)$ 可以表示为公式(5-6):

$$EC(i) = x_i = c \sum_{j=1}^{N} a_{ij} x_j \tag{5-6}$$

其中 c 为一个比例常数,A 为图的邻接矩阵。记 $\boldsymbol{x} = [x_1, x_2, \cdots, x_n]^T$,经过多次迭代到达稳态时可以写为如公式(5-7)的矩阵形式:

$$\boldsymbol{x} = c\boldsymbol{A}\boldsymbol{x} \tag{5-7}$$

这表示 $\boldsymbol{x}$ 是矩阵 $\boldsymbol{A}$ 的特征值 c^{-1} 对应的特征向量。特征向量中心性强调节点所处的外部环境(节点的邻居数量和质量),认可节点在两种情况下具有高中心性:①节点本身具有高中心性;②节点的邻居节点具有高中心性。

节点中心性广泛用于衡量节点在网络中的影响力,研究中往往依据中心性对节点进行排序,选择中心性最高的少数节点作为网络的关键节点。通过控制这些关键节点,达到影响网络结构、改变系统功能的目的。例如,在基因-基因相互作用网络中,中心性排名靠前的基因在网络中发挥主导作用,内含关键基因标志物;在社交网络中,拥有更多朋友或受到更多关注的人,如媒体人、行业精英、政治家等,他们在信息的散播中举足轻重,反映在网络中即为高中心性。

节点中心性反映了单个因素在网络中的作用。诚然,单节点会影响网络结构,但网络的整体性质还需要从更高的层次把握。

5.2.2 网络性质

网络性质综合描述所有节点和边的特性,用于研究群体表现出来的特性,进而对群体组织进行量化分析。常用网络性质评价指标有以下几种。

1.网络大小

网络大小指网络中节点的个数。

2.连通性

连通性指网络中任意节点是否都能到达网络中的其他点,如果是,则认为网络是联通的,否则为不连通。网络的联通性可以通过寻找最小生成树的方式确定。

3.测量距离

测量距离指任意两节点之间的最短距离。计算所有节点之间测量距离的平均值,可以反映网络的紧密程度。平均测量距离越大,网络越松散,反之则越紧密。

4.网络直径

网络直径指联通网络中的最大测量距离,同样可以反映网络的紧密程度。

5.网络密度

网络密度指网络中实际存在的边数量与网络可容纳的最大边数量的比值。

6.平均度

平均度即所有节点中心度的平均值。

7.度分布

度分布指网络中各个节点度的散布情况,反映了网络的宏观统计性质。确定度分布后,任意选取一个节点,其度为 k 的概率可表示为 $p(k)$。在分析度分布时,网络常常拿来与随机网络相比。在随机网络中,节点的度分布是相同的,服从泊松分布。小世界网络度分布也服从泊松分布,但其点与点之间的路径短于随机网络。无尺度网络的度分布服从幂律分布。

5.3 模块提取

系统,尤其是规模较大的系统,其功能的实现依赖于成员之间的协同,而非成员独

立功能的简单加和。距离近或者亲密度高的成员倾向于组成小的功能网络,共同完成一项子任务。受制于信息传输的速度,距离远或者亲密度低的成员由于缺乏信息交流而更可能局域在不同的功能模块中。例如在社交网络中,每个人都从属于广泛的"功能模块",即社交圈。以自身为中心,对象越靠近社交圈外围,二者信息交流越少;当对象越出社交圈子之外,二者几乎没有交流,因此不划归为同一社交圈。由于边缘节点间相互作用的存在,功能模块之间也存在信息交流,使得模块相互联结,构成完整系统。找到这些功能模块,从模块而非单个节点的角度讨论系统功能的实现机制,对网络的功能分析具有重要意义。下面介绍几类基本的模块提取算法。

5.3.1 基于距离的模块提取算法

基于距离的模块提取算法来源于对模块的基本理解:距离近或者亲密度高的成员倾向于组成小的功能网络。在此类算法中,首先需要定义节点间距离或者亲密度度量标准,进而最大化模块中成员间的距离加和。现有节点间距离计算方法包括计算重叠邻居节点个数、节点间最短路径、欧氏距离、马氏距离等;相似度计算方法有余弦相似性、Jacobi 相似性、信息熵等。基于距离的模块提取算法典型的如 k – means 算法。在 k – means 算法中,首先给定聚类个数 k,算法在网络中随机选择 k 个中心节点,随后根据距离最小(或亲密度最大)准则将其余点分配至 k 个中心点,得到 k 个模块。对得到的模块重新计算中心点,重复上述过程直至所得的模块不再变化。

5.3.2 基于层次聚类的模块提取算法

层次聚类算法是一种数据合并算法,通过计算不同数据点之间的距离(或者相似度),层次聚类逐次将当前距离最近(相似度最大)的数据合并,直至所有节点归为同一类。显而易见,随着聚类的不断进行,合并距离(相似度)越来越大(小)。层次聚类最终以聚类树的形式呈现数据点之间的关系。基于层次聚类的模块提取算法对所得的聚类树进行切割,由此得到功能模块。聚类树切割位置的选择有两种方式:①根据给定的模块数;②根据模块内节点间距离(相似度)。前者需要使用者事先确定模块数量,而后者可以自动确定。例如:定义模块内所有节点间的距离平均值为模块内距离,模块内节点与模块外节点间的距离平均值为模块外距离。数学上可以证明,在聚类过程中,模块内距离不断增加,模块间距离不断减小,因此可以选择二者曲线交叉时对应的模块数为合理的模块数量。

5.3.3　基于局部扩展的模块提取算法

通过节点分析可知,少量节点在网络中扮演着决定性作用,因此这些节点可以直接选定为模块中心点。基于局部扩展的模块提取算法原理很简单,根据某种节点中心性的定义选择中心节点并确定中心节点数量,然后从中心点开始,不断吸收邻居节点组成模块。与 k – means 算法不同的是,基于局部扩展的模块提取算法每次只从邻居节点中选择节点加入模块,而 k – means 算法不需要考虑节点与目标模块是否直接相连。

5.4　动态网络分析

静态网络固定节点和边集合,但在实际过程,如疾病传播中,潜在传染性接触的模式是短暂的,某时刻的状态并不能持续维持。人群中感染者和非感染者的数量会随时间进度不断变化,并且伴随疾病发展,传染特征也相应改变,这导致实际的传染过程与静态情况有显著差异。因此,在需要加入时间尺度的模型中,采用动态网络的方法建立模型显然更为合理。下面将介绍两种动态网络模型。

5.4.1　常微分方程模型

常微分方程模型是研究传染病传播规律的经典模型。通过将人群按照疾病传播中的角色进行划分,传染病模型可以利用微分方程建模的方式刻画疾病传播的动态过程,预测最终结局,并据此提出有效控制方案。例如从 2019 年年末开始并持续一段时间的新型冠状病毒感染疫情防控攻坚战中,便有大量工作使用常微分方程模型认识新型冠状病毒感染传播规律,得出其基本再生数 R_0 中位数可达 3 以上,认定了新型冠状病毒感染的高传染性。也有早期工作预测新型冠状病毒感染有望在 2023 年 4 月底得到控制,这也基本与我国当时国内的事实相符。

具体来说,常微分方程模型借助种群数量对应时间的导数建立传染病传播模型。

常见的传染病常微分方程模型包括：SI 模型（susceptible – infected model）、SIS 模型（susceptible – infected – susceptible model）、SIR 模型（susceptible – infected – removal model）、SEIR 模型（susceptible – exposed – infected – removal model）等。其中：exposed 表示潜伏者，susceptible 表示易感染者，infected 表示感染者，removal 表示抵抗者，即康复者或者拥有免疫力的人。SI 模型、SIR 模型与 SEIR 模型的动力学表达式如下。

（1）SI 模型：如图 5.1 所示。

（2）SIR 模型：如图 5.2 所示。

（3）SEIR 模型：如图 5.3 所示。

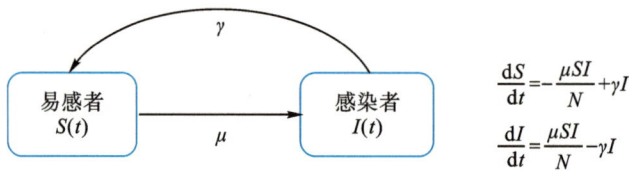

图 5.1　SI 模型示意图

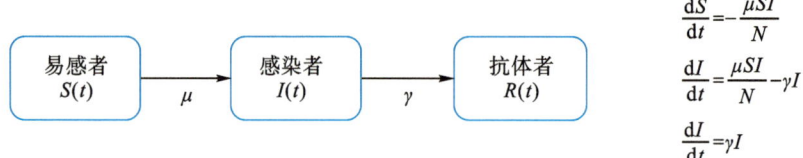

图 5.2　SIR 模型示意图

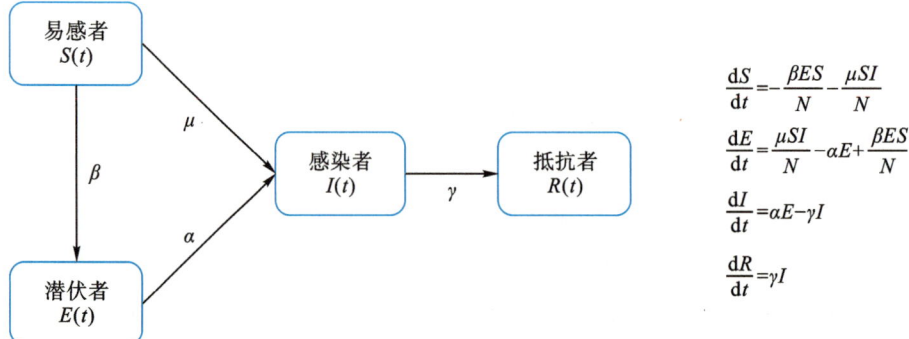

图 5.3　SEIR 模型示意图

其中 N 表示人群总数，S、E、I 和 R 分别为易感者、潜伏者、感染者和抵抗者的数量。参

数 μ 为染病概率，β 为易感者转为潜伏者的概率，α 为潜伏者转为感染者的概率，γ 为恢复健康的概率。

基础模型需要依据实际情况进行改进，结合具体关系进行分析[1]。在许多改进模型中，人群被更为精细地划分，使得模型精度更为准确。但过多的人群类别也就意味着模型中方程数量增长，分析难度加大。网络与常微分方程的结合，主要是将网络中的点视为一种人群类型，将人群之间的转化关系视为边。在与常微分方程结合的网络模型中，节点所代表的人群数量不断发生变化，边所代表的传染病特征，如传播率、接触率、死亡率等也产生变化。

研究基于常微分方程的传染病模型，通常需要关注以下几点。

考虑如下自治系统(5-8)：

$$\frac{\mathrm{d}\boldsymbol{x}}{\mathrm{d}t} = \boldsymbol{f}(\boldsymbol{x}) \tag{5-8}$$

其中 $\boldsymbol{f}(\boldsymbol{x}):\boldsymbol{D} \in R^n \to R^n$ 连续。

1. 基本再生数

基本再生数(R_0)表示一个患者在全部是易感者的人群中平均能传染的人数，是表征疾病是否会持续流行的重要指标。当 $R_0 = 1$ 时，传染病会变成地方性流行病；当 $R_0 > 1$ 时，疾病将持续扩散；而当 $R_0 = 1$ 时，疾病逐渐消亡。R_0 是传染病的自身属性，例如 SARS 的 R_0 在 0.85 到 3 之间，而麻疹的 R_0 在 12 到 18 之间。R_0 的计算与平衡点存在性相关。

2. 方程平衡点

研究方程平衡点，首先需要考虑系统(5-8)的平衡点的存在性，解的存在唯一性定理表述为引理 5.1。

引理 5.1[2]（解的存在唯一性定理）

考虑 Cauchy 问题：

$$\begin{cases} \dfrac{\mathrm{d}\boldsymbol{x}}{\mathrm{d}t} = \boldsymbol{f}(t,\boldsymbol{x}) \\ \boldsymbol{x}(t_0) = \boldsymbol{x}^0 \end{cases} \tag{5-9}$$

其中 $\boldsymbol{x}$ 为 R^n 中的向量，$\boldsymbol{f}$ 是实变量 t 的 n 维向量值函数。若 $\boldsymbol{f}(t,\boldsymbol{x})$ 在开区域 $G \subseteq R \times R^n$ 中满足下列条件：

（1）$\boldsymbol{f}$ 在 G 内连续，简记为 $\boldsymbol{f} \in C(G)$。

（2）f 关于 x 满足局部 Lipschitz 条件，即对于点 $P_0(t_0, x^0) \in G$，存在

$$G_0 = \{(t, x) \mid |t - t_0| \leq a, \| x - x^0 \| \leq b\} \subset G$$

和依赖于 P_0 点的常数 L_{P_0}，使得 $\forall (t, x^1), \forall (t, x^2) \in G_0$ 有不等式

$$\| f(t, x^1) - f(t, x^2) \| \leq L_{P_0} \| x^1 - x^2 \|$$

成立，其中 $\| \cdot \|$ 表示欧式范数。则 Cauchy 问题（5-9）在区间 $|t - t_0| \leq h^*$ 上存在唯一的解。其中：

$$0 < h^* < \min(h, \frac{1}{L_{P_0}})$$

$$h = \min(a, \frac{b}{M})$$

$$M = \max_{(t, x) \in G_0} \| f(t, x) \|$$

下面计算系统（5-8）的平衡点。令等式左边等于0，得到关于平衡点的代数方程组 $f(x) = 0$，求解即可得到平衡点。平衡点一般讨论无病平衡点和正平衡点，二者的存在性与 R_0 相关。在运算时，R_0 的表达式选择能够决定正平衡点存在性的表达式，使得 $R_0 > 1$ 时，仅存在无病平衡点；当 $R_0 > 1$ 时，同时存在无病平衡点与正平衡点。

3. 平衡点稳定性

在微分方程理论中，给定参数，系统（5-9）平衡点的李雅普诺夫渐进稳定性定义为定义5.1。根据定义判断平衡点的李雅普诺夫渐进稳定性的存在性比较复杂，引理5.2和引理5.3给出了一个简单的判定方法。

渐进稳定性基于特定的条件 $x(t_0) = x_0$，若对于任何初始状态 x_0 的每一个解，当 $t \to \infty$ 时，都收敛于平衡点，则系统的全局渐进稳定于平衡点。判定全局渐进稳定性可以根据李雅普诺夫稳定性定理，如引理5.4。

定义 5.1[2]（李雅普诺夫渐近稳定性）

对于系统（5-9）及其平衡点 $P(x_1, x_2, \cdots, x_n)$，若对任意给定的实数 $\varepsilon > 0$，都存在一个实数 $\delta(\varepsilon, t_0) > 0$，使得一切满足 $\| x_0 - P \| \leq \delta(\varepsilon, t_0)$ 的任意初始状态 x_0 所对应的解 x，在所有时间都满足：

（1）$\| x - P \| \leq \varepsilon (t \geq t_0)$；

（2）$\lim_{t \to \infty} x(t) = P$。

则称平衡状态 P 为渐进稳定。

引理 5.2[2]（渐近稳定性判定定理）

若系统$(5-8)$具有平衡点$P(x_1,x_2,\cdots,x_n)$，在P点做$f(x)$的 Taylor 展开，只取一次项，得到 Jacobi 矩阵：

$$A = \frac{\delta f}{\delta x} = \begin{pmatrix} \dfrac{\partial f_1}{\partial x_1} & \dfrac{\partial f_1}{\partial x_2} & \cdots & \dfrac{\partial f_1}{\partial x_n} \\[2mm] \dfrac{\partial f_2}{\partial x_1} & \dfrac{\partial f_2}{\partial x_2} & \cdots & \dfrac{\partial f_2}{\partial x_n} \\[2mm] \vdots & \vdots & & \vdots \\[2mm] \dfrac{\partial f_n}{\partial x_1} & \dfrac{\partial f_n}{\partial x_2} & \cdots & \dfrac{\partial f_n}{\partial x_n} \end{pmatrix}_{P(x_1,x_2,\cdots,x_n)}$$

若矩阵A的所有特征值实部均为负数，则可得到方程组$(5-8)$的零解渐近稳定；若矩阵A的所有特征值具有非正实部，且其具有零实部的特征值仅仅对应单重初等因子，则方程组$(5-8)$的零解是稳定的；若矩阵A存在正实部的特征值，或者有对应于多重初等因子的零实部特征值，则方程组$(5-8)$的零解是不稳定的。

引理 5.3[2]（Routh – Hurwitz 判据）

考虑多项式方程：

$$\lambda^n + a_1\lambda^{n-1} + a_2\lambda^{n-2} + \cdots + a_{n-1}\lambda + a_n = 0 \qquad (5-10)$$

则$(5-10)$所有根具有负实部的充要条件是

$$H_k = \begin{vmatrix} a_1 & a_3 & a_5 & \cdots & a_{2k-1} \\ 1 & a_2 & a_4 & \cdots & a_{2k-2} \\ 0 & a_1 & a_3 & \cdots & a_{2k-3} \\ 0 & 1 & a_2 & \cdots & a_{2k-4} \\ \vdots & \vdots & \vdots & & \vdots \\ 0 & 0 & 0 & \cdots & a_k \end{vmatrix} > 0$$

引理 5.4[2]（李雅普诺夫稳定性定理）

假设U是$\bar{x}$的邻域，$U \subset W$，若有函数$V: U \to R$在U上连续，并且在$U - \{\bar{x}\}$上可微，满足：

(1) $V(\bar{x}) = 0$，$V(x) > 0$，当$x \neq \bar{x}$。

(2) $\dot{V} = \dfrac{\mathrm{d}}{\mathrm{d}x}V(x,y) \leqslant 0$，当$x \neq \bar{x}$，其中$x(t)$是$(5-2)$的轨线，则$\bar{x}$是稳定的。

（3）若函数 V 还满足 $\dot{V} < 0$，当 $x \neq \bar{x}$，则 $\bar{x}$ 是渐近稳定的。

判定平衡点稳定性的意义在于对未来形势的预测。在疾病传播过程中，随着时间发展，若系统最终渐近稳定于无病平衡点，意味着在当前条件下，疾病终将自行消亡；若渐近稳定于正平衡点，疾病发展最终也会趋于稳定，此时系统中仍有患者存在；若系统不稳定，疾病将完全失控，需要立刻采取手段改变疾病传播特性，用降低人群接触率、提高治愈率等方法改变系统，保证疾病始终处于可控状态。

微分方程模型以方程组的形式描述网络动态，解释节点之间的相互作用变化。方程包含时间尺度，可以保证变化的连续性。当系统的成员和相互作用明确时，微分方程模型能够精确描述系统的连续变化过程，预测系统的最终走向。然而，微分方程的参数来自对数据的宏观把握。现实生活中系统的状态瞬息万变，使用微分方程模型进行模拟无疑是一种理想情况下的建模方式。除此之外，微分方程模型也受到方程数量的限制，方程组越复杂，分析难度越高，阻碍了简单微分方程模型与复杂网络的结合。除了微分方程，还有一种基于时间序列的动态网络方法。

5.4.2　时间序列模型

时间序列数据是一组按照时间顺序排序的数据组合，其中每个数据都体现了系统在相应时刻的瞬时状态。用网络表示系统的这些瞬时状态，并称这些网络成为暂态网络，进而按照时间顺序将这些暂态网络串联，即可得到基于时间序列的动态网络模型即时间序列模型（time series model）。若将整体的网络视作动画，则每个暂态网络为动画中的一帧图像。显而易见，时间序列的数据采样越密集，模型的描述能力和精度也会随之提高，无限接近于实际情况。基于时间序列的动态网络模型适合于描述复杂网络，以及微分方程难以描述的关系，例如传染病模型中群体中个体的状态、传染贡献能力、地理位置变化、相互接触关系等。

由于模型中的各个暂态网络来源于对真实数据的解读，基于时间序列的动态模型的信息损失极少。在分析方法上，通常分为两步：①分析各个暂态网络的特性；②分析暂态网络之间的联系。关于暂态网络的分析，具体可参照第 5.2 节。首先，分析节点中心性变化，观察在各个时刻关键节点的变化过程，从而控制系统的发展；其次，分析网络性质变化，整体把握系统动态，推测系统发展方向；最后，研究网络中模块之间的演变关系,动态地揭示节点间协同机制。结合模块功能注释,还可以揭示推动系统发展的功能子模块。

微分方程模型和时间序列模型是比较常见的两种网络与传染病模型相结合的典型范例,二者各有优缺点,需要根据实际条件和问题选择建模方式。在结构相对简单、传染特性比较明确且稳定的情况下,微分方程模型同样能够精准刻画传播动态。并且在传染病的早期预测中,微分方程模型显然更加方便。然而,对于结构复杂,需要具体分析大群体中个体的行为时,时间序列模型凭借精细化的系统描述,使得研究更为直观和简单。

5.5　网络分析与生物恐怖主义

生物恐怖主义(bioterrorism)是指利用生物手段,如真菌、细菌、病毒、原生动物等可以感染人类的感染媒介物,将其制成各种生物制剂发动攻击,以传播流行病的方式造成人、牲畜或农作物大量感染甚至死亡,最终引起人员伤亡、社会恐慌,造成重大经济损失的恶性事件。生物恐怖袭击由来已久,早在古罗马时期,就有军队将病死的动物尸体投入敌方水源之中,企图污染饮用水,达到削弱敌军战斗力的目的。在现代生活中,生物恐怖袭击不仅会对人类健康产生危害,还会打击社会生活的各个领域,如引起医疗卫生资源短缺、影响农副食品产量、打击金融服务行业、引发社会恐慌等,全方位冲击国家和社会的稳定。

随着生物技术的发展,生物恐怖袭击从遥不可及的浓雾之中走出,侵入到日常生活中,威胁着每个普通人的生命财产安全。如何防治生物恐怖袭击是社会安全面临的棘手难题。首先,病原体的获得越来越容易,单个的人,只需要大学水平的生物学基础知识、不大的房间和一些必需的设备,即可轻易生产出 5 g 的炭疽病原体,这足以对一个庞大的国家造成深远影响。生物恐怖主义犯罪的门槛的降低不仅使得恐怖组织能够更加便利的获得病原体,也给抓捕带了巨大的难度。其次,病原体的毒性和传播能力逐渐增长,而人类控制疾病蔓延的能力还十分有限,往往需要耗费大量人员和财力才能加以控制。作为防守方,面对新病原体的出现,难免处于被动局面。近年来,人们对于国家安全的认识有了更加宽泛的认识,生物恐怖主义已经成为维护国家安全的重要组成部分。

20 世纪以来,生物恐怖袭击屡有发生,例如 1984 年,美国俄勒冈州波特兰某饭店遭到恐怖分子投放鼠沙门式伤寒杆菌、1995 年东京地铁的沙林神经毒气投放事件,以及 2001 年美国炭疽杆菌邮件事件。这些恐怖袭击事件均由恐怖组织组织发起,通过疾病传播的方式,造成人员伤亡和社会动荡。从实际作用上看,了解恐怖组织,研究疾病传播途径,这两个方面对于抑制生物恐怖主义同等重要。网络模型在这两个方面均有应用。下面将介绍网络方法在防控生物恐怖袭击中的具体实践。

5.5.1　网络与恐怖组织结构

恐怖组织本质上是一个由复杂成员组成的紧密社会网络。该网络中,各个成员代表了不同的角色,执行相应功能。整体来看,主要包括思想领导者（ideological leaders）、行动领导者（operational leader）和普通成员,其中对于思想领导者在恐怖组织中是否扮演着决定性角色一直存在争议。研究人员使用社会网络分析了解了他们的社会关系运作模式[3]。

研究发现,在恐怖社会网络中,思想领导者与行动领导者的关系信任扮演着重要的角色。行动领导者在网络中具有相对较高的中介中心性,这源于行动领导者经常拥有强大的社会关系,以保证组织的发展和扩张。并且,恐怖分子的社会网络中包含了具有低密度的社区,这里的成员之间联系并不紧密,只有行动领导者与周边节点保持紧密联系。这项研究证明,恐怖组织在一个小的社区系统内活动,但思想领导者可能对于行动领导者有十分有限或者非直接的影响。除此之外,社会网络在推测恐怖主义者身份中同样具有重要作用。与恐怖分子具有紧密联系,或者能够串联恐怖组织结构的人,更有可能是或者发展成为恐怖分子[4]。

5.5.2　网络与恐怖袭击风险评估

虽然恐怖袭击的发生常常是突如其来的,但要成功组织恐怖袭击并非易事,积极的安保反恐完全有可能将恐怖袭击扼杀在萌芽之中。历年来,全世界各国都有报道发现杀伤性武器。2012 年,伦敦警方在奥运会主会场——伦敦奥林匹克体育场（俗称"伦敦碗"）的停车场内发现了一包烈性炸药"Semtex",从而避免了一场可怕的爆炸袭击。恐怖袭击并非不可防治,事实上,影响恐怖袭击是否成功的因素极多。运用网络可以研究这些因素之间的关系,为警方制订防控决策提供建议。

R.Zhu 等人[5]利用贝叶斯网络考虑多源信息,研究化学恐怖袭击发生的概率和后果。文章将化学恐怖袭击的风险因素分为以下几类。①风险的来源:恐怖组织和化学武器的特点;②影响范围:关于目标和城市运作环境的信息;③环境变化:气候条件、应急部队和警察预防部队;④事故后果:攻击成功的概率和人员伤亡。据此,科学家研究构建了化学恐怖袭击的贝叶斯网络进行风险分析,在网络中,节点为影响因素集合,有向边表示因素之间的因果关系,从而进一步确定所有节点的条件概率。考虑将不同的情景带入到网络中,观察节点的概率分布,即可分析关键因素对化学恐怖袭击风险的影响。

结果表明,在控制化学恐怖袭击的风险方面,巡逻和监视不如安全检查和警方调查重要。安全检查是降低攻击成功概率的最有效方法。不同的恐怖组织有不同程度的威胁,但其影响仅限于袭击的成功。武器类型和剂量对伤亡情况很敏感,但在伤亡情况变化中占主导地位的是应急能力的水平。由于防御资源有限,防御资源的优先部署应优先于政府建筑,其次是商业区域,以达到最佳的部署效果。研究结果可为公安部门的打击工作和风险管理部门的安全防范决策提供理论依据和方法支持。

5.5.3 网络与病毒传播机制及防控

借助病原体传播流行病是生物恐怖主义的常用手段。网络理论被广泛应用于对接触模式的理解和建模,而流行病学是网络理论应用最活跃的领域之一。研究病毒传播及其性质和传播动态,进而提出防控手段无疑是最重要的目标,由此动态网络方法成为网络理论与病毒传播模型结合的典型范例。根据研究对象的不同,动态网络方法有不同的建模方式(详见本章第5.2节)。

5.5.3.1 微分方程模型

微分方程模型适用于对人群的整体动态性进行建模。在微分方程模型中,主要由人群规模对时间的常微分方程的形式描述,而方程中的参数体现了病毒传播特性。微分方程模型可以连续性描述疾病发展,包含在未来时刻的发展状态,预测传染病走向。通过计算 R_0,模型能够直观地分析各个参数,例如口罩佩戴率、人群接触率、死亡率等对传染性的影响,这对于防控具有重要参考意义。

艾滋病(acquired immune deficiency syndrome,AIDS)是一种由人类免疫缺陷病毒(HIV)引起的感染性疾病,具有极大的杀伤性和传播率,R_0 在 $2 \sim 5$,国际上目前仍没有有效的治疗方法。人类免疫缺陷病毒潜伏期长达 $8 \sim 9$ 年,潜伏期间几乎没有任何症状。早期检测也需要 12 周才能达到 100% 检测精度。漫长的潜伏期和检测手段的局限性无疑是艾滋病传播的"天时""地利"。除此之外,由于艾滋病的主要传播方式为性传播,患者往往羞于启齿,甚至产生反社会心理,故意散播疾病。这些都是艾滋病得以不断扩张的原因。运用基本微分方程模型,可以对艾滋病传播进行研究。

例如,D. Hansson 等人[6]利用 SIR 模型建立了关于 HIV 在男同性恋中的性传播规律,主要研究稳定和随机的性关系对于传播的影响。该研究运用微分方程表示艾滋病在男同性恋群体中的传播过程,其中 S 代表易感者,I 代表感染者,R 代表痊愈患者。$X_Y(X,Y \in \{S,I,R\})$ 表示性行为的伙伴关系。研究认为存在如下两种微分关系:$x = \omega_0^2 I + \omega_0 \omega_1 (I_S + I_I + I_R)$,$y = \omega_1 \omega_0 I + \omega_1^2 (I_S + I_I + I_R)$。常微分方程利用参数构建不同人群之间的转化关系,$\omega_0$ 表示单身人产生随意性关系比率,ω_1^* 表示有伴侣的人发生随意性关系比率。根据上述分析,可以建立复杂的常微分方程组,具体参见文献[6]。研究证明平均诊疗时间越短,R_0 的值越低,疾病的传播能力越弱。当诊断和成功治疗之前的平均时间缩短至 2.5 年时,$R_0 = 1$。而且,随意的性关系会大大提高患病率,而使用避孕套则可以大幅降低流行率,有机会将 R_0 降低到 1 以下。

尽管微分方程模型应用甚广,但它本身是一种理想化模型,极大地依赖于研究者自身对于传染病现状的认识。受到分析难度的限制,微分方程模型在解决复杂网络问题时也会受到掣肘。并且由于参数的选择来源于对数据的宏观分析,方程所体现的"疾病传播动态"实际上是一种近似状态。

5.5.3.2 时间序列模型

时间序列动态网络由多个暂态网络按照时间顺序串联组成,其中每个暂态网络描述系统在一个瞬时的状态。相比于微分方程模型,时间序列动态网络对于系统的描述更加具体,适用于复杂系统,在传染病研究中有重要应用。

疾病传染过程中,不同的感染者对传播进程的贡献能力存在差异,宿主间接触的差异是病原体传播不均等的重要因素之一。据此,S. Chen 等人[7]研究了高度动态的动物接触网络及其对疾病传播的影响。研究人员选择病毒在农场牛群中的传播过程为研究对象,结合高时空分辨率的实时动物位置数据,构建了犊牛群的动物接触网络。

随后,量化动物接触网络中个体和时间的异质性,并评估这些异质性来源对疾病传播的影响。研究观察和比较了在一天中4个时刻(2 AM、8 AM、2 PM 和 8 PM)接触网络的性质。研究发现,接触网络度的分布随时间和个体的不同而不同,这表明非规则的动态网络比规则的静态网络更能刻画动物间的接触网络。其次,接触网络的动态变化能够在围栏内改变疾病的动态。此外,网络变化对 R_0 较小的疾病影响更大。对于具有较大 R_0 的传染病,由于动态较快和爆发规模较大,它们可能不会显示出实质性差异。然而,对于具有较小 R_0 的传染病,度分布和网络阶数的时间变异性会发生变化。其他研究表明,疾病动态进一步受到人口规模的影响,尤其是规模更小的网络。

5.6　缺陷与长期发展

生物恐怖主义发展至今,其防治难度和影响力不断增长。尽管以网络方法为代表的科学研究方法对于生物恐怖主义的防治发挥了重要的积极作用,但受限于信息的匮乏和模型的缺陷,理论结果往往与现实情境存在偏差,尤其在恐怖袭击发生早期。在真实情况中,恐怖分子的行动隐蔽,远离人们的视线,理论模型难以在缺少足够信息和数据的情况下凭空分析。这使得理论模型只能滞后于恐怖袭击的发生,例如以下几种情况。

(1)恐怖分子深深藏匿于人群之中,识别其行踪和意图无异于大海捞针;

(2)恐怖行动的策划和实施手段千变万化,简单的理论模型手段难以对生物恐怖事件的爆发进行预测;

(3)生物病毒的研制脱离社会管制,未知的生物病毒传染常常在前期识别和调查过程中就已经蔓延,使得疾病控制错过最佳时间。

在实际防控过程中,有效地监控手段和及时的社会力量支援迄今为止仍然是打击生物恐怖主义最直接的途径。理论研究碍于建模和分析的难度,在足够数据和信息支持下才能够保证精度。例如,网络模型在病毒传播动力学中的作用极为突出,为传染病防控提供重要信息。随着数据与信息的积累和开放,以及计算速度的不断发展,网络方法有望应用于更多情景,为打击生物恐怖主义做出更多实际贡献。

(范雪萌　唐通　王姣)

参考文献

［1］ VOLZ E. SIR dynamics in random networks with heterogeneous connectivity ［J］. J Math Biol, 2008, 56(3)：293 – 310.

［2］ 马知恩,周义仓,李承志. 常微分方程稳定性与稳定性方法［M］. 2 版. 北京:科学出版社,2015.

［3］ MILLA M N, HUDIYANA J, CAHYONO W, et al. Is the role of ideologists central in terrorist networks? A social network analysis of indonesian terrorist groups ［J］. Front Psychol, 2020, 11：333.

［4］ WEBBER D, KRUGLANSKI A W. The social psychological makings of a terrorist ［J］. Curr Opin Psychol, 2018, 19：131 – 134.

［5］ ZHU R, HU X, LI X et al. Modeling and Risk Analysis of Chemical Terrorist Attacks：A Bayesian Network Method ［J］. International Journal of Environmental Research and Public Health,2020,17(6):2051.

［6］ HANSSON D, LEUNG K Y, BRITTON T, et al. A dynamic network model to disentangle the roles of steady and casual partners for HIV transmission among MSM ［J］. Epidemics, 2019, 27：66 – 76.

［7］ CHEN S, WHITE B J, SANDERSON M W, et al. Highly dynamic animal contact network and implications on disease transmission ［J］. Sci Rep, 2014, 4：4472.

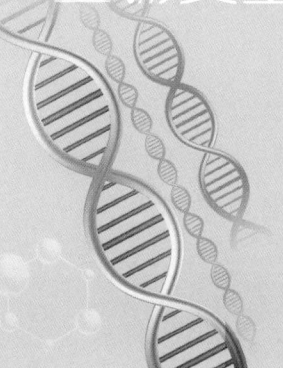

PART 2
The Application of Biosafety
Informatics

第二部分
生物安全信息学应用

第6章
感染性疾病预警与控制的信息学

6.1 感染性疾病中的信息学

6.1.1 感染性疾病和监测

感染性疾病诊断市场在体外诊断(in vitro diagnostics,IVD)行业一直是最大的细分市场,感染性疾病的诊断技术也一直在发展,从最早的培养法,到血液学分析、特定蛋白检测、免疫学抗原抗体检测,再到病原体质谱和核酸分析,手段越来越精准。

在人类发展进程中,感染性疾病一直是严重威胁人类健康的重大疾病,历史上对传染病大爆发有过多次记载,如霍乱、欧洲黑死病(鼠疫、大瘟疫)西班牙大流感等,黑死病流行期间,最多因黑死病死亡 1/3 人口(欧洲中世纪的黑死病死亡 2500 万人)。1854 年,伦敦西部威斯敏斯特市苏活区霍乱爆发,约翰·斯诺(John Snow)提供了一份流行病学文件,通过在地图上对感染和死亡公民的统计,监测到霍乱是通过水而不是空气传播的疾病,证明了霍乱的流行来源于一个已污染的水泵,在拆除水泵后阻止了霍乱的传播。

监测是公共卫生当局收集有关疾病、居民病例以及公共卫生干预措施(包括疫苗接种等)数据,所进行的一个定期的常规过程,这个过程使得卫生当局可以对公共安全卫生进行及时反馈并开展相关措施。美国埃默里大学的流行病学教授本杰明·洛普曼(Benjamin Lopman)说过:"监测是流行病学研究的基石。"研究者需要知道有多少人患病,这些人是谁,以及身在何处。通常,像美国疾病控制与预防中心(Center for Disease Control and Prevention, CDC)或地方、州、联邦政府的公共卫生机构,会收集流行病学家所需要的数据。洛普曼认为,每当出现一种新的病原体时,都会有很多新的需要学习研究的东西,并且由于感染就发生在几分钟之内,因此了解疾病的传染性对于控制它们的传播至关重要。

此外,作为监测的重要一环,预警系统是对即将爆发的疾病和紧急情况发出警报的系统,为公共卫生政策和战略提供信息以实现快速反应。监测的预警机制是指根据突发事件监测的信息和风险评估结果,以及突发事件可能造成的危害程度、紧急程度和发展态势,确定相应预警级别、发布相关信息、采取相关措施的过程和方式。随着大数据以及数字和移动技术的快速发展,监测手段也逐渐大数据化,使得"数字流行病学"成为一种新的趋势,为传染病监测系统提供更多机遇与挑战。新的传染病威胁需要靠两个方面来系统收集和分析,一个是对传统的(基于指标的流行病学)确定,另一个是基于新的数据来源(基于事件的监测),这些情报可以提供早期预警并迅速评估风险。一旦给出早期预警,提示威胁或疫情,经验证(包括诊断、检测、接触者追踪和与公众的风险沟通)和准确评估后,必须快速设计和实施相对应的措施,以对预期风险及疫情进行控制。监测与预警的内容包括:对风险隐患进行排查和监控;通过各种监测手段获取丰富的实时数据支持预警;结合历史数据和各种信息进行风险分析,判断报警的临界点;采用公众容易接受的标准化预警术语,通过多种渠道,及时将警报发送给处于风险中的公众及有关应急响应者;教育、培训公众,使其有能力采取适当的行动;定期评估监测与预警的效能等。

新的数字解决方案包括移动应用(APP)、跟踪设备以及新的社交网络媒体等,它们提供了新的数据源,为管理传染病、预防传染病暴发做出贡献,也为数字流行病学研究提供了新的解决方案。通过对公共卫生进行干预、对联系人进行跟踪观察等,可以最大限度地减少疾病传播,提高对疾病人口行踪的掌控及对疾病现象的觉知和洞察力。然而,对数据源的利用是一把双刃剑,在为相关部门提供更为方便、有效的解决方案的同时,也带来了相当大的计算和技术挑战,即从数据洪流中提取有意义的信息的

挑战。

随着大数据、IT 行业的又一次技术变革,大数据的浪潮汹涌而至,对国家治理、企业决策和个人生活产生了深远的影响,将成为继云计算、物联网之后信息技术产业领域又一重大创新变革。未来的十年将是一个大数据引领的智慧科技的时代。随着社交网络的逐渐成熟,移动带宽的飞速提升,云计算、物联网应用更加丰富,更多的传感设备、移动终端接入到网络,由此而产生的数据及增长速度将比历史上的任何时期都要多、都要快。大数据指的是使用和分析已收集的有效信息,而数字流行病学提供的是海量的实验数据,如何有效理解这些数据,并确定其是否足以支持流行病学监测是比较困难的。因此,目前大量的数字和应用工具也被开发出来以处理非结构化数据(大数据),通过这些工具可以对大量真实、可验证的复杂数据进行快速收集,并筛选分析得到有效的信息。

医疗行业是从移动应用热潮中获益颇丰的行业之一。医疗行业目前正经历剧变,焦点正从传统模式转向数字解决方案,后者可以更大幅度改善患者体验,优化医疗机构的运营。事实上,越来越多的行业领导者采用无代码移动应用解决方案,例如:iBuildApp 工具,作为拥有更多可能性的先进服务商,它的设计核心理念是以患者为中心的服务——将患者安置在健康中心,配备完善的工具来管理他们的健康,由专业人士提供高质量的医疗服务。这一方案的实施场所不需要昂贵的医院和诊所,而在离患者生活和工作地点更近的地方就可以充分实现。

我国的疾病诊断和治疗技术发展到今天,高度缺乏病种专业化工具。越是垂直的领域,就越是缺乏趁手的数据工具。作为医院的临床数据承载平台,电子病历、基因组学、影像数据、社交网络数据和传感器数据是医疗保健领域大数据主要来源。此外,各种实时或静态信息源即使未充分利用或无法访问也可以提取大数据,这些数据可能会提供新的信息,进一步帮助医护人员了解疾病流行病学。机器学习指"训练"数据以进行分类或决策预测的算法分析,是一个快速发展的计算机科学领域。数字流行病学监测涉及了传统流行病学不曾触及的领域,这些额外的信息需要被纳入公共卫生系统,作为应对传统疾病、新出现的病原体(如 COVID – 19 病毒、猴痘病毒等)的一部分。

从社交网络到人工智能和大数据,数字监控可以提早预警,快速提供流行病情报,使当局可以进行快速响应,为疫情控制、风险沟通和公共传播带来了更多的便利。目前,以数字流行病学为基础的子学科已经得到设定并通过了评估,但是人们已有思想文化的影响,可能会引起人们对隐私被监控的不满情绪及反抗思想。因此必须加强与人们的公共交流,进一步评估监控对于医疗保健和社会的影响,在社会面进行更多思想文化普及,让人们了解控制疫情应采取的措施。

通过移动应用程序和社交媒体将风险交流和公共交流提升到一个新的水平,同时利用实时异构数据的流行病建模也更好地评估控制措施对医疗保健的影响。移动应用程序和移动医疗方法因为其高效、通用的特性,可用于公共卫生监测,具有提供数字素养的贡献者以及创造广泛可用数据来源等多重优势。2023年,全球移动电话的数量约为73亿,因此必须筛选有效、可用的设备。其中手机和蓝牙是评估潜在患者的一个重要且有效的选择。蓝牙等具有追踪功能的应用程序可以支持卫生部门对接触者进行追踪,并进一步识别确诊/阳性病例的可能接触者(已知或未知),在这个追踪过程中可以创建出一个数据网络。当这个网络参与的人员数量足够多时,将对流行疾病的控制起到极为重要的作用。以一些已经使用的移动应用程序应用为例:在过去的新型冠状病毒感染疫情中,我国政府要求200个城市的居民在使用支付宝应用程序时,每个人被分配一个风险代码(绿色、黄色、红色),这些代码直接强制决定了他们被允许在公共区域走动的范围。这种算法提供了该城市居民在危险地点停留的时间,以及与什么人接触、接触频率情况的信息。尽管这些技术只是暂时使用了监控数据,但由于部分人认为他们的数据会被出售给私人公司,或者存在在流行病结束后依旧被监视的风险而不愿意使用它们。因此他们要求,政府部门所获得的数据必须保证仅用于监控目的,不会转移到任何国有企业或私人公司,并且只会在疾病大流行期间使用或用作匿名数据。

移动设备(包括平板电脑、可穿戴设备等)也可以连接到社交网络,让用户可以及时了解流行疾病的信息,是一种可以避免接触传染的安全措施。同时,社交媒体的影响力是巨大的,可以作为流行病暴发时公共卫生管理的重要工具,这正是数字流行病学与传统流行病学的区别。社交网络的运用,可以指出与潜在爆发的异常疾病趋势相关的信息,为依赖健康报告的传统方法提供了不同的视角。虽然社交媒体的使用为鼓励公民参与公共安全卫生的维护提供了机会,但是由于网络信息真假难辨,也容易造成一些假信息被大量转发,误导民众。例如许多比较有影响力的"网红"(有很多粉丝的人)针对某种传染病的治疗或预防措施发表有争议的帖子,会给不知情的民众带来误导,甚至制造莫名的恐慌,影响社会秩序。这些现象的出现主要还是由于目前的网

络社会缺乏更有力的信息审核程序，而优化的人工智能则可以在这方面提供帮助。

正确应用数字技术可以使公共卫生和临床管理领域受益，目前在处理与冠状病毒相关的数据过程中已经取得一些可喜的成果。用于监测的大数据必须遵循严格的统计分析，才可以成为一种有益于公共卫生的工具。使用社交媒体搜索索引（social media search index，SMSI）可预测未来 6～9 天检测到的 COVID－19 病例数，但预测是在算法评估信息后生成的。大数据的大面积收集及算法的合理应用，为疾病监控和预测提供了十分必要的帮助。

大数据不仅在统计数字流行病学和提供信息方面起到很大作用，还可以分析出一些潜在的不利因素，并可以利用社交媒体的一些内容作为补充，比如利用其他人群的现实案例数据来加强对流行病学的分析。此外，还可以克服传统流行病学统计的一些挑战，包括地理异质性、在发展中国家的代表性不足，以及所获得信息的空间/时间不确定性的问题。另一方面，由于社交媒体及互联网搜集到的信息可能存在一定虚假性及不准确性，必须通过一些更强硬的手段进行充分论证及分析，例如利用症状检查员和实验室数据的信息，对大数据进行进一步处理和分析，可以更准确预测和评估呼吸道症状对社区民众的影响，进一步预测这种病毒在民众间的感染及传播水平。然而，人工智能的开发基础和长期优化需要高质量、持续的数据。传统医院管理信息系统（hospital information system，HIS）里的数据，由于其历史因素造成的数据质量和维度的不足，使得利用这些数据训练出来的 AI 模型在准确度和普适性上很难真正应用于临床。因此，只有保证原始数据的专业化质量、结构化整合及多样化维度，才能真正在未来实现具有真实性和准确性的人工智能。

6.1.2　COVID－19 的诊断与监测

2019 年 12 月我国首次发现 COVID－19，它是由 SARS－CoV－2 引起的新型病毒感染，并于 2020 年 1 月 30 日被世界卫生组织（World Health Organization，WHO）正式宣布为国际性突发公共卫生事件。自发现之日起，COVID－19 引起的病例和死亡人数就以惊人的速度上升，到 2023 年 5 月底，全球确诊病例超过 6.89 亿人，死亡人数超过 690 万，COVID－19 带来的危害相当巨大。

冠状病毒是阳性单链 RNA（26～32 kb）病毒，属于 Nidovirales 中的冠状病毒科。

迄今为止,该病毒有 alpha（α）、beta（β）、gamma（γ）和 delta（δ）（Perlman 和 Netland,
2009）四个属,而新型 SARS－CoV－2 属于 β－冠状病毒属,其 RNA 基因组大小为
29.9 kb。SARS－CoV－2 与两种蝙蝠衍生的 SARS 样冠状病毒（bat－SL－CoVZC45
和 bat－SL－CoVZXC2）相似,具有 88% 的核苷酸序列同一性,与 SARS－CoV 的相似
性约为 79% ,与 MERS－CoV 的相似性为 50% 。越来越多的报告表明,SARS－CoV－
2 的基因组在地理传播过程中经历了进化,变化形成多样化特征。全球 SARS－CoV－
2 分离株的泛基因组分析鉴定了几个基因组区域,这些区域具有增加的遗传变异和不
同的突变模式。SARS－CoV－2 引起的 COVID－19 大流行在健康、经济和生活方式
方面给人类社会造成了巨大威胁。尽管病毒通常是先侵入并感染肺部和呼吸道组织,
但在极端情况下,几乎所有的主要器官都会受到负面影响,从而导致某些患者出现严
重的全身脏器衰竭。在抗击新冠感染的过程中,病毒的突变从未停止,目前世界上主
要的流行株已从 2019 年末发现的原始株,转变为了 2021 年末发现的奥密克戎株
（Omicron）;同时至少有 5000 余项新型冠状病毒相关的临床试验在全球各地开展,不
断有新药研发上市。虽然过去几十年对相关冠状病毒的研究带来了一些看起来很有
前途的药物,但只有对 COVID－19 患者进行大规模临床试验才能准确揭示这些干预
措施是否安全有效。不幸的是,这类大型试验需要时间来进行,但它们正在进行中。
WHO 宣布,它已经帮助启动了针对 COVID－19 的四个"大型试验",而且在世界各国
还协调了无数个更小的试验,WHO 支持的试验集中在被认为可以直接阻断 SARS－
CoV－2 的药物上,包括瑞德西韦、洛匹那韦、利托那韦、氯喹、羟氯喹等。

　　信息学可以描述 COVID－19 患者的特征。由美国国家卫生研究院支持的一个研
究团队已经确定了长期感染 COVID－19 和可能感染的人的特征。科学家们使用机器
学习技术,分析了可用于 COVID－19 研究的前所未有的电子健康记录,以更好地识别
长期感染 COVID－19 的人。通过在全美 COVID 群组协作中探索去除了身份信息的
电子健康档案数据,该团队找到 100000 多可能长期持有 COVID 症状的数据信息。新
型冠状病毒感染的特征包括呼吸短促、疲劳、发烧、头痛、"脑雾"和其他神经问题。这
种症状可能在首次确诊 COVID－19 后持续数月或更长时间。长期以来,COVID 难以
识别的一个原因是,它的许多症状与其他疾病相似,对 COVID 的特征进行更细致地了
解可能有助于得出诊断结果,提供更好的治疗方法。

　　在机器学习中,科学家"训练"计算方法,以快速筛选大量数据。这些模型在数据

中开启寻找模式,帮助研究人员了解患者的特征,并更好地识别患有这种疾病的个体。通过总结人口统计数据、医疗状况和药物使用情况,还能将 COVID-19 住院患者的特征与前几季流行性感冒(简称流感)住院患者的特征进行比较。从电子病历和健康索赔数据库中提取并总结了美国、韩国和西班牙的 34128 名因 COVID-19 住院的患者的特征,跨数据库生成了 5000~12000 个独特的患病特征。目前全球 COVID-19 导致的病亡率约为 3.4%,而季节性流感的病亡率通常远低于 1%。与近年来因季节性流感而入院的队列比较表明,年轻患者住院原因与 COVID-19 更相关,男性比例更高。在美国和西班牙,COVID-19 住院患者的健康状况通常与流感住院患者相当或更健康,呼吸系统疾病、心血管疾病和痴呆的患病率存在差异。

6.1.3　感染性疾病诊断

从古到今,感染性疾病一直是全人类健康的重大隐患,历史上有记录的几次大瘟疫如霍乱、黑死病、西班牙大流感等,都导致了大量的人口死亡。目前传染病仍然在全世界具有高发病率及高死亡率的特点。由于临床上无法区分的疾病的病原体种类繁多,准确诊断可能具有挑战性。

感染性疾病的检测和诊断方法一直在发展创新。当前的方法,例如培养、核酸扩增测试和血清学分析,通常需要使用一系列测试来尝试建立诊断。很多时候,这些方法仍然依赖于培养物中活微生物的生长放大步骤,以进行识别和抗微生物药物敏感性测试,对于常见病原体需要至少 48 小时,对于更挑剔的生物则需要更长的时间(对于更隐蔽的病原体,例如真菌和分枝杆菌,需要数周时间)。尽管目前已经取得一定进展,但是依旧有多达 60% 的临床综合征感染性疾病的病因仍然未知。此外,由于当前微生物学方法的局限性而导致的漏诊,使得经验性广谱抗生素的使用缺乏针对性的治疗。

随着人类基因组计划在 2003 年顺利完成,基因组测序技术取得了长足的进步,这直接导致了每兆基因组测序的成本大幅下降以及检测的基因组数量越来越多。人们对基因组的复杂性深感震惊,这也引导着测序技术的进一步发展。最近的一些突破性技术使得测序技术在更短的时间内可以获得更多的数据量。与之对应的是,还有一些技术的进步使得单条序列的测序读长变得更长——这对解析结构性的复合区段是极其必要的。这些进展给科研人员以及医疗诊断人员提供了一个绝佳的平台,使得人们对基因组变异导致的表型变化以及疾病发生有了进一步的了解。二代测序技术的快速发展,其更低的成本,更快速、更友好的数据分析工具以及更准确、更全面的数据库的创建,使 NGS 应用能够跨越微生物研究和诊断微生物学之间的鸿沟。无偏宏基因组二代测序(metagenomics next‑generation sequencing, mNGS)的应用,能够克服当前诊断测试的局限性,允许直接在临床标本中进行无假设、独立于培养病原体的检测。这种方法允许进行通用病原体检测,而不管微生物的类型(病毒、细菌、真菌和寄生虫),甚至可以应用于新的生物体发现,有可能用单个 mNGS 检测替代许多靶向病原体检测。随着 mNGS 临床诊断测试的可用性增加,医疗人员认识到传染病诊断工具的局限性。

NGS 在病原微生物检测中的应用具有非常大的优势,如通量大,一次可检测成百上千个物种,特别是未知的病原,测定其核酸序列是必不可少的手段;直接测定病原微生物的核酸序列,能为临床提供准确的诊断依据,如物种鉴定、分型以及耐药突变等;更低的检测限,即使病原微生物的丰度很低,也能够检测到。NGS 克服了传统 Sanger 测序的许多局限性,传统 Sanger 测序需要对均匀或低多样性样本(理想情况下样本由单一或最多三组生物样本构成)。

NGS 在微生物诊断实验室中常见的应用包括:感染性疾病的病原体鉴定;病原体分型及流行溯源;病原体耐药及毒力特征检测;与人体疾病相关的微生态失衡宏基因组等。此外,也可以用于全基因组测序(目的病原体基因组的测序和组装,如在暴发调查期间评估遗传相关性,识别新物种);靶向 NGS 采用不同的富集方法,包括扩增或探针杂交(即 16S rDNA 细菌分析或其他特定靶点的 PCR 扩增,然后是 NGS)。

基于宏基因组二代测序技术的 mNGS 具有不依赖于传统的微生物培养,直接对临床样本中的核酸进行高通量测序,能够快速、客观地检测临床样本中较多病原微生物的特点。这种对患者样品中微生物和宿主遗传物质(DNA 和 RNA)的全面分析,正在迅速地从研究转移到临床实验室。mNGS 正在改变医生诊断和治疗传染病的方式,其应用范围广泛,包括抗生素耐药性、微生物组、人类宿主基因表达(转录组学)和肿瘤学。mNGS 已成为精确诊断传染病的关键驱动力,推动了精准医学工作在该领域的个性化患者护理。然而该技术也面临一些挑战,由于目前还没有用于分析 mNGS 数据的用户友好型生物信息学软件,因此,用于临床 mNGS 数据分析的定制生物信息学流程

仍然需要训练有素的编程人员来开发、验证和维护。随着测序数据存储的需求越来越大，临床实验室需要考虑数据存储的资源配置，同时由于数据库和分析软件的不断更新，也需要随时校正相关流程。

6.2　病原检测资源及数据库

生物信息学工具广泛用于各种病原体的鉴定、表征和分型。在此之前，基因组方法在病毒、细菌和真菌感染的诊断和管理中得到了广泛应用。

6.2.1　病原鉴定数据库

近年来，生物信息学工具在利用全基因组测序（whole genome sequencing，WGS）和核糖体 RNA 测序（rRNA sequencing）数据以识别细菌和真菌等病原体方面的应用正变得越来越普遍，并且被广泛应用于病原体鉴定、毒力因子检测、抗性分析和菌株分型等。由生物信息学、系统发育和病理基因组学分析支持的 NGS 技术有助于确定病原体型别及致病株。

为保证细菌病原体能被准确鉴定，已经开发了几个综合参考数据：Greengenes 数据库包含 1049116 条对齐的 16S rDNA 序列；SILVA 包含 6300000 个可用的细菌、古细菌和真核生物的 SSU/LSU 序列；人类口腔微生物组数据库（human oral microbiome database，HOMD）包含人类口腔中大约 700 种原核生物的综合信息，HOMD 包括静态和动态更新的注释和生物信息学分析工具，适用于所有人类口腔微生物的基因组序列和已处理发的 16S rRNA 基因参考序列。

MG – RAST 服务器（MG – RAST server）是国际上极负盛名的生物信息分析平台，是目前唯一整合了各种数据库资源的宏基因组技术平台，特别适合于非生物专业的科研人员使用。2007 年以来，DNA 测序技术取得革命性突破，新一代高通量测序已成为一种类似于传统氮磷钾元素分析的常规手段，MG – RAST 极可能是未来几年内环境微生物研究的重要手段。服务器提供了上传数据、质量控制、自动注释和比较分析的选项，用于鸟枪法或扩增子测序的宏基因组样本以及宏转录组样本分析。ezVIR 流程用于评估已知人类病毒谱，并提供易于解释的结果。该流程通过使用序列数据识别样本中最可能存在的病毒来工作。ezVIR 流程可生成菌株分型报告、基因组覆盖率直方图和交叉污染分析结果。该流程能够在大多数的临床样本中识别 DNA 或 RNA 病毒；也可以从病原体和人类序列混合序列中去除宿主序列。由于样本序列中的病毒测序量通常小于 1%，在微生物病原定性过程中的过滤步骤就尤为重要。非人类序列的快速识别流程（rapid identification of non – human sequences，RINS）能够在 2 小时内从所用数据集中的非人类基因组中精确识别测序读数。RINS 是一种基于交叉的病原体检测工作流程，它利用用户参考基因组集来识别深度测序数据集中的非人类序列。VirusSeq 是一种使用 PERL 平台开发的算法，用于 NGS 数据检测已知病毒及其在人类基因组中的整合位点。在 vFAM 软件中构建了与 HMMER3 兼容的配置文件隐藏马尔可夫模型，以将序列分类为病毒或非病毒。PathSeq 被开发用于识别 NGS 数据中的已知和未知微生物。

细菌基因组的致病性预测（pathogenicity prediction for bacterial genomes，PaPrBaG）是一种基于机器学习方法预测致病性的软件包。该软件通过比较致病菌与非致病菌，并对大量致病菌进行训练来预测致病性，适用于基因组覆盖率非常低的 NGS 数据，可避免丢弃与参考基因组相似性低的序列。该方法基于随机森林算法评估属于单个基因组的序列的致病潜力，有助于预测新的、未知的细菌病原体。

微生物分型在控制感染中是非常重要的技术。其中最常用的技术是多位点序列分型（multilocus sequence typing，MLST）、单基因座序列分型（single locus sequence typing，SLST）、串联的多位可变数目重复分析［multiple locus variable number of tandem repeat（VNTR）analysis，MLVA］和不常见间隔短回文重复序列（clustered regularly interspaced short palindromic repeats，CRISPR）。毒力分型数据库在监测细菌基因组致病性中发挥了重要作用。Pathogen Finder 1.1 是鉴定新发现的细菌病原体致病性的一个重要生物信息学工具，可以利用蛋白质组学、基因组或原始序列预测细菌致病性。细菌致病性取决于已知与致病性有关的蛋白质组。该软件使用一系列没有注释功能或已知参与致病性的蛋白质预测所有细菌的致病性，准确率达 88.6%。此外，由于该方法无已知致病性的偏倚，可用于发现新的致病因子。

另一方面，专门用于分析原始数据的自动化流程包括 QIIME、核糖体数据库项目（RDP）和 mothur。QIIME 可从原始 DNA 测序数据进行微生物组分析，通过多线程处理质量过滤、OTU 选择、分类和系统发育重建等，对微生物组进行多样性和可视化分

析。QIIME 已应用于数万个样本的数十亿个序列的研究，可以较准确地对微生物组进行分析、定性。RDP 包含 3356809 个细菌 16S rRNA 和 125525 个真菌 28S rRNA 的序列信息，提供了包括质量控制、比对注释细菌、古菌 16S rRNA 序列、真菌 28S rRNA 序列在内的一系列分析工具。它还为高通量测序数据的扩展处理和分析提供了一个流程，包括单链和双链读取。Mothur 是目前用于分析 16S rRNA 基因序列引用最高的生物信息学工具，它能够处理由不同测序技术生成的数据，包括 Sanger、PacBio、IonTorrent、454 和 Illumina。

6.2.2　病毒监测手段

病毒大爆发是全球性公共健康和安全的挑战。COVID－19 已在全球蔓延并感染了数百万人，导致了重大生命损失和全球经济恶化。当前由 COVID－19 大流行造成的不利影响提示我们需要为未来的病毒感染暴发寻找新的检测方法。环境的传播途径包括但不限于空气、地表水和废水。

污水流行病学（wastewater based epidemiology，WBE）是一种潜在地监测病毒感染暴发的临床检测方法。通过量化分析污水中目标化学或生物标记物来定性或定量推演污水收集区域居民活动与健康情况的一种调查监控方法。对于患者排泄的病毒可以在废水处理厂中进行追踪，为病毒监测提供了机会。此外，该技术可以估计爆发早期的感染人数。例如在新型冠状病毒感染暴发期间，鼓励在污水处理厂建立 COVID－19 的监测仪器以评估其丰度。SARS－CoV－2 的早期追踪可以帮助卫生部门制定政策，以确保医疗系统的持久性，防止其不堪重负而崩溃。污水处理厂通常为超过 100 万居民的大量人口提供服务，因此废水监测可以作为临床检测的补充方法，以此来估计 SARS－CoV－2 在社区中的传播，特别是对于资源有限且缺乏临床检测设备的发展中国家来说，WBE 可以提供更多的机会，尽管临床检测仍然是确定感染患者的最佳选择。对于数目众多的人口样本，临床检测需要大量时间和劳动力，而与临床检测不同，WBE 可以估计受感染的居民总数，包括无症状和有症状的人群，并且它可以检测到极低水平的病毒，这在病毒感染暴发初期或医疗保健系统干预后的稳定期后期至关重要。通过水传播的病毒占污水中微生物群体较大部分，而且也是人类很多疾病主要的传染、扩散微生物。为此，国外一些研究人员提出将 WBE 用于水传播疾病的检控，例如，对脊髓灰质炎病毒、肝炎病毒和诺如病毒等的检测，并已在日本和以色列获得实际应用。此外，在污水中也常会检测到一些动物传染病毒，例如，禽流感和 SARS 病毒，它们完全符合 WBE 研究的原理，这也是目前一些学者提出应用 WBE 预警 SARS - CoV - 2 病毒的理论基础。大多数病毒检测技术都是基于分子手段的，这些技术所需的时间、成本和敏感性差异很大。例如通过由人均粪便中排出的病毒 RNA 量确定的废水样本来追踪人群中病毒的丰度，而后可以使用废水中病毒 RNA 的浓度来推断感染人数。

虽然 WBE 有上述优点，但是依旧面临一些难题，尤其是通过构建病毒 RNA 库进行定量预测时，可能会对感染病例产生严重错误的估计。这些不确定性大部分是由于：①废水基质的复杂性和废水中生物标志物的稀释特征；②无法确定合适的样本位置；③当前采样技术受限制；④需要更有效的病毒富集方法。

逆转录 - 聚合酶链反应（reverse transcription - polymerase chain reaction，RT - PCR）的原理是：提取组织或细胞中的总 RNA，以其中的 mRNA 作为模板，采用 Oligo（dT）或随机引物利用逆转录酶反转录成 cDNA。RT - PCR 被用作废水检测的工具，并在确诊病例数较低的多个地区检测到病毒 RNA，证明这个检测系统的敏感性及其作为病毒感染暴发早期预警的能力。实时荧光定量 PCR（RT - qPCR）是通过扩增反应的荧光监测来对特定 RNA 进行量化。RT - qPCR 在新型冠状病毒感染暴发期间被证明是一种非常快速并且稳健的早期检测方法。

核酸依赖性扩增检测技术（nucleic acid sequencebased amplification，NASBA）是一种扩增 RNA 的新技术，是由一对引物介导的、连续均一的、体外特异核苷酸序列等温扩增的酶促反应过程。反应在 42℃进行，可以在 2 小时左右将模板 RNA 扩增 109 ~ 12 倍，不需特殊的仪器。NASBA 技术主要依赖于 RNA 检测手段，使用多种酶来扩增 SARS - Cov - 2 的众多靶向核酸序列。与其他核酸扩增方法相比，NASBA 可以直接从 RNA 中扩增，无须逆转录步骤。该方法使用的酶包括 T7 RNA 聚合酶、逆转录酶和 RNase H，可以扩增 RNA 的单链模板，在 37 ~ 65℃下 15 ~ 60 分钟即可检测低浓度的 DNA 或 RNA 序列。

在流式细胞仪（flow cytometry，FCM）方法中，废水样品用缓冲溶液稀释后使用荧光染料（如碘化丙啶、噻唑橙、SYBR Green Ⅰ、SYBR Green Ⅱ和 SYBR Gold）染色，注入流式细胞仪后，病毒颗粒在周围鞘液的流体动力学作用下以单个粒子的形式进入，单个粒子与来自氩离子激光器的单色光束相交。最后,每个粒子与入射激光束的相互作用产生散射和荧光粒子,这些粒子可以被探测器收集并分别利用散射和荧光强度进行分析。在 FCM 方法中,废水样品用荧光染料染色后,染料会选择性地与 DNA 或 RNA 结合。因此 DNA/染料和 RNA/染料复合物的荧光强度与样品的 DNA/RNA 含量相关。高精度和快速定量是 FCM 方法的主要优点。研究者使用了 FCM 方法量化了来自三个废水回收厂的活性污泥和流出物样品中的病毒颗粒。布朗等人在使用 FCM 确定活性污泥样品中病毒颗粒的数量时,表明 FCM 方法比落射荧光显微镜(epi - illumination fluorescence microscope,EFM)具有更高的灵敏度。因此,可以说与 EFM 方法相比,FCM 在病毒颗粒计数方面具有更高的灵敏度和定量速度。

酶联免疫吸附测定(enzyme linked immunosorbent assay,ELISA)是一种用于检测各种基质中是否存在微生物抗原的方法。ELISA 依赖于其特异性抗体的抗原结合原理,由其产生的酶活性导致颜色或荧光发生变化。该方法的工作原理是:首先,抗原结合在特定抗体上被固定在一个表面上(通常在一组 96 孔微量滴定板中);然后利用针对相同抗原的第二酶联抗体形成抗体 - 抗原 - 抗体夹心;酶偶联抗体与底物发生反应,而底物在被酶修饰时会改变其颜色;最后,颜色变化或荧光强度显示样品中探测到的抗原浓度。Atabakhsh 等人成功地利用了这种方法检测到了污水处理厂进水和出水样品中的轮状病毒,并且确定了从城市污水处理系统中去除轮状病毒的效率。

脉冲场凝胶电泳(pulsed - field gel electrophoresis,PFGE)是一种根据分子大小分离 DNA 片段的检测方法。在这种方法中两个独立的电极用于产生交变电场,导致分子周期性地重新定向以与施加的电场对齐,分子大小和 DNA 分子带的不同电荷会影响它们重新定向的能力。较小的 DNA 分子通常需要更短的时间来通过凝胶基质孔迁移到新的阳极来重新定向;而更大的分子需要更长的时间。较大的 DNA 分子迁移速度比设定的脉冲时间慢,在凝胶基质往往作为一个条带迁移。此外,病毒群落形成的条带可作为其专一特征,形成的条带数量可估计样本中不同病毒的数量(多样性)。

空气生物传感器,是一种对生物物质敏感并能将其浓度转换为电信号进行检测的仪器,是将生物材料转化为可测量的信号来检测病毒的一种检测方法。由固定化的生物敏感材料作识别元件(包括酶、抗体、抗原、微生物、细胞、组织、核酸等生物活性物质)、适当的理化换能器(如氧电极、光敏管、场效应管、压电晶体等等)及信号放大装置构成的分析工具或系统,同时具有接收器与转换器的功能。生物材料固定在换能器表面,通过与溶液中的分析物相互作用产生生化反应,换能器就会将此生化反应转换为可使用数字检测模块测量的可量化信号。生物传感器主要包含四种类型:电化学生物传感器、压电生物传感器、热生物传感器和光学生物传感器。选择检测新发传染病(emerging infectious diseases,EID)的生物传感器的类型取决于两个主要因素:①分析物的特性(即浓度、结构和大小);②分析物所在的基质(即液体、空气)。例如,流感病毒可使用电化学生物传感器或免疫传感器;中东呼吸综合征冠状病毒(Middle East respiratory syndrome,MERS)可使用光学生物传感器或免疫传感器检测;SARS – CoV – 2 可使用压电免疫传感器或热生物传感器检测。

6.2.3　计算模型在病毒感染暴发中的作用

除了理论和实验外,计算建模技术也迅速发展成为科学研究的主要技术之一。计算机模型的飞速发展是由大量全球数据(健康和环境)以及大数据、人工智能、机器学习、物联网(internet of things,IoT)、云计算等技术共同促进的。计算建模工具和技术的进步,使其在许多领域(如疾病暴发的早期检测和风险评估等)应用的完成质量得到显著提高。建模技术可对不同来源的大量数据进行实时检索和分析,以得到充足的信息解读和大胆预测。因此建模技术在疾病暴发的预测方面具有极大的应用前景。

目前,使用人工智能(artificial intelligence,AI)等方法预测疫情的主要方式是从被感染人群中收集的数据来识别人与人之间的病毒传播路径。AI 及其相关技术可以根据收集得到的代表性数据来准确跟踪和调查病毒传播路径,从而向患者和医疗保健当局发出警报。神经网络通过比较不同地区获得的实际数据来预测感染 COVID – 19 的病例数。例如,Wieczorek 等人开发了一个复杂神经网络模型来精确预测感染 COVID – 19 的病例数和传播路径,该模型还将地理条件(位置、纬度和经度)考虑在内,实验数据使用了模型开发前两周内从每个区域获得的实际病例数。由于数据有限,导致很难获得准确的预测,但该模型对传播路径的预测具有较高的精确度。在更深入的研究中,研究人员向模型中引入了新技术(使用新的实时数据和模型自动调整)以使其具有自适应性。通过调整,该方法得到的整体预测准确率高达88%,在某些特定区域准确率高达99%。此外,研究人员考虑的另一个重要因素是模型预测时间,快速预测意味着快速干预,因此在确保高精度的情况下,使用了具有最短预测时间的 NAdam 实验

模型。该方法可以快速识别高危患者,并提供感染风险地图和其余有效信息,以实时控制感染情况。上述技术有助于提供快速、可靠且具有成本效益的工具,以有效管理病毒感染暴发的情况。

6.2.4　临床宏基因组学

临床宏基因组学可以在单一样本中识别病毒、细菌、真菌和其他真核病原体,并将病原体发现与病原体检测相结合,这是通过临床微生物学难以实现的方式。鉴于该技术目前的成本较高,它常用于处理传统诊断方法无法适用的潜在致命感染检测,例如由变形虫、寄生虫引起的脑膜脑炎异常病例或重症神经钩端螺旋体病。在一项病例中,虽然钩端螺旋体感染的指标较高,但通过培养或 PCR 手段均检测不到钩端螺旋体,而通过临床宏基因组诊断到了该病原体,并且发现是由于引物序列与病原体的基因组匹配不佳导致了其他方法检测失效。临床宏基因组学尽管拥有众多优势,但是由于高成本及复杂的操作分析步骤,目前依旧只能用于解决棘手的诊断难题方面,无法通用。

6.3　信息学监测病原的流程及监测系统

6.3.1　基因组流行病学识别传播事件

基因组学不仅可以为病原体诊断提供信息,还可以为流行病学提供信息。病原测序在认识病毒感染的暴发能力方面具有重要作用。在以传播为重点的调查中,主要是根据暴发病例之间共享的病原体突变或通过模型的方法构建传播网络来识别人与人之间的传播事件。识别传播事件的基因组方法通常包括四个步骤(图 6.1):第一步,对暴发的疾病的病原株进行分离测序,然后从头组装基因组或映射到参考基因组进行组装;第二步,确定基因组序列差异,这取决于病原体特征以及暴发的规模,这些差异可能包括遗传变异、插入和缺失或特定基因的存在与否;第三步,检查病原特征以推断它们来自何处的分离株,例如分离株共有一种常见变异表明这些病例在流行病学上是有关联的;最后,在已知流行病学信息的背景下筛查关联的基因组证据,例如两个病例之间存在时空交集。

流行病调查是只根据一部分流行病的病例进行分析,即利用病原体的种群结构来了解流行病的整体动态,而其中的流行病学参数是利用系统动力学进行确定的。作为免疫动力学、流行病学和进化生物学的结合,系统动力学可从病原体进化中捕获流行病学相关信息和病原进化信息。病毒和细菌的高突变率和不同采样日期会使病原产生大量的遗传变异,即具有足够的遗传多样性以推断出病原体的进化历史(包括病原爆发时间或流行时间)。系统动力学依赖于贝叶斯进化分析软件(Bayesian evolutionary analysis by sampling trees,BEAST)之类的工具,其中基因序列数据用于构建时间标记的系统发育树。该软件通过基因序列间的分歧程度以及分子钟来估计速率恒定分支间的分歧时间,同时计算系统发育树上其他节点的发生时间,从而推断相关类群的起源时间和不同类群的分歧时间,最终可以推断出基本的流行病学参数。但对于某些物种而言,缺乏严格的分子钟或频繁的基因重组会使系统动力学研究和传播事件的推断变得复杂。

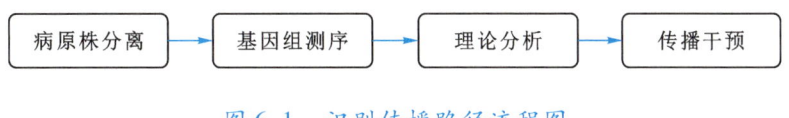

图 6.1　识别传播路径流程图

6.3.2　环境基因组检测预测暴发热点

预测和预防病原感染大暴发的关键问题是预先推测可能发生下一次流行或大流行的区域以及可能流行的病原体/病原库。伍尔豪斯等人描述了 1399 种人类病原体,其中 87 种(主要是病毒)是从 1980 年之后才出现的。琼斯等人将病原扩展为包括 1940 年以来的 335 个新发传染病。他们每十年汇总报道由特定环境、生态和社会经济特征决定的可能发生大流行的热点。

新发传染病(emerging infections disease,EID)出现包括三个重要阶段:传染病出现前、传染病局部出现和传染病大暴发。在第一阶段,由于人口或者地理区域的变化,病原经历了种群扩张、宿主增加及转移到新的地理区域;在第二阶段,人类接触动物或动物制品后,病原会从自然宿主传播到人类,但不会出现人传人的现象;在第三阶段,病原可以产生一系列疾病传播事件,即出现人传人的现象且可以随着旅行跨越地理障碍传播到不同地区。

截至目前,大多数新发传染病起源于人畜共患病。其中人口密度增加导致农业活动增加,野生动物多样性高的地区具有更高的人畜共患病风险。因此生物多样性分析或许可作为推断新发传染病暴发热点的一大关键因素。对人类传染病的全球生物地理学分析进一步支持使用生物多样性作为对 EID 暴发热点的一个"替代品"。这类预测过程更加侧重系统而非生物多样性,例如将当地公共卫生系统的崩溃确定为传染病暴发的驱动因素。此外,这种监测针对生物多样性和不断变化的人口结构、环境卫生问题,包括个人卫生意识不足、公共卫生基础设施缺乏,以及进行干预的人畜共患病和媒介传播疾病等。

上述监测活动的重点地区包括东亚、东南亚、印度和赤道非洲的部分地区。而由于下水道系统和废水处理厂为整个区域提供了单一的生物入口,因此这两个地点可能是上述区域样本收集的热点。此外,宏基因组学研究已经揭示了在这些区域采集到的样本中包含了抗生素抗性基因、人类特异性病毒和其他病原体。而其他不同类型的研究也对上述系统得到的病原体进行了深入探究,如 2013 年 Rosenberg 等人报道绝大多数病原起源于人畜共患病,并且病毒在诱发人类感染的病原库中占据主导地位。

6.3.3 共同健康

随着人畜共患病的增加,兽医行业首先提出了"共同健康"的概念[1],随后被联合国粮食及农业组织、世界动物卫生组织以及世界卫生组织所接受,并于 2004 年发起了"共同健康"运动。"共同健康"致力于共同促进人和动物健康,维护和改善生态环境,是涉及人类、动物、环境卫生保健各个方面的跨学科、跨地域(国家、地区、全球)协作和交流的新策略,并且有利于更好地预测、应对新出现的威胁。

2004 年,世界野生生物保护学会首次提出"One World – One Health",建议增强对人类、家畜和野生动物健康之间联系的认识,明确提出疾病不只威胁人类,还会对生物多样性和生态系统造成破坏性影响。同时国际野生生物保护学会提出《曼哈顿原则》,以探索预防大范围疫情的方法。2007 年,美国医学会通过"One Health"决议来推动人医和兽医之间的合作。2008 年,联合国粮食及农业组织、世界动物卫生组织、世界卫生组织与联合国儿童基金会、联合国系统流感协调组织和世界银行合作,制定了联合战略框架"Contributing the One World, One Health",以应对不断暴发的传染病风险。2009 年美国成立"One Health"委员会,其中美国兽医协会、美国公共卫生协会、美国医学会、美国医学院校协会、美国兽医医学院校协会、美国传染病学会和爱荷华州立大学健康联盟作为参会团体。2010 年,联合国粮食及农业组织、世界动物卫生组织和世界卫生组织在河内达成"FAO OIE WHO"合作,想要在动物、人类和环境方面共同承担责任,创建一个跨学科、跨部门的合作体制,以应对动物和公众的健康危机,并建立了重大动物疾病全球早期预警系统(global early warning system,GLEWS)。随后,美国佛罗里达大学、杜克大学和英国爱丁堡大学等开始设立"One Health"的课程并进行相关研究。

由于"One Health"监测平台具有来自多方的数据流,因此将其与基因组数据相结合,更有助于监测在传染病暴发等大型公共卫生安全问题之前发生的如人口扩张、跨物种传播等问题,从而能够更加迅速地采取干预措施。例如,将浣熊相关的狂犬病病毒(raccoon rabies virus,RRV)变体的基因组序列与加拿大、美国的狂犬疫苗接种相关数据结合,表明狂犬病病毒的多次跨境入侵是导致加拿大狂犬病在多个省份持续暴发的原因。而这一发现使得公共卫生部门重新重视狂犬病并立即采取相应的行动,抑制其进一步传播。

将基因组学整合到"One Health"监测工作中,为传染病的监测提供了新方向。例如:临床宏基因组学为解决动物种群监测面临的许多挑战提供了有效的解决方案;将人类腹泻标本和附近的猪粪便的宏基因组学进行分析,推测轮状病毒具有潜在人畜共患传播。当然,这样一种跨越动物物种和环境的宏基因组测序也面临许多问题:病原体出现的早期信号与背景微生物噪音是什么? 哪些新出现的病原体能够跨越物种屏障并引起人类疾病? 如何判断样本数据的充足性? 怎样选择样本以有效地预测感染暴发? 目前为了更加有效地在"One Health"监测策略中使用宏基因组学,首先是通过EID 热点图和其他因素确定某一区域或群落,随后在已选定的区域或群落中捕获人畜共患病的"跳跃"信号。异常的基因组信号会促使相关动物宿主中的后续测序,最终以流行病学信息的模式进行报告。将针对性监测得到的基因组数据与系统动力学方法相结合,将会通过简单的信号来获取如动物宿主与人类内部和宿主与人类之间传播的证据、病原体早期扩张的流行病学分析等十分有用的流行病学信息。

6.3.4 数字流行病学

数字流行病学是指互联网参与的流行病学。这类基于互联网参与的流行病学监测等相关工作的平台可以利用收集得到的数据推测疾病暴发的潜在热点区域,具有高于测序仪的前瞻性,能够实现快速响应[2]。

病原体测序仪可以处理从目标动物、人类及其他宿主收集得到的样本用于常规监测,但是 EID 热点地区可能存在的实验室数量较少、监测能力不足等问题,利用互联网相关的监测平台,可以极大程度上解决上述情况。收集得到的基因组测序数据可以实时发布到互联网上,进而可以使用病毒学协同分析,同时利用 Nextstrain 网站对其进行分析和可视化。这些基于互联网工作的站点作为连接枢纽,能够有效监测潜在病原暴发、病原体种群扩张的时间节点,并且可以持续监测人与人之间的病原传播,并将相应结果分享给相关人员,相关人员进行循证干预措施,减轻病原进一步的传播。例如,在 1991 年,美国国家监测电子通信系统(national electronic telecommunications system for surveillance,NETSS)已经将全国各州的卫生部门通过互联网联系起来,并进行常规的重要信息的收集、分析和传播。而为了更好地管理并加强大量的监测系统,美国疾病预防控制中心在 2001 年开始实施了国家电子疾病监测系统(national electronic disease surveillance system,NEDSS),让专业人员对公共卫生威胁(新兴的感染性疾病和生物恐怖活动的暴发)的反应更加迅速。

随着时代发展、科技进步,在数字化信息爆炸式增长的今天,这种基于互联网的数字流行病学显示出了高效性[3-4]。比如在 2003 年暴发严重急性呼吸系统综合征(severe acute respiratory syndrome,SARS)期间,中国香港利用电子数据系统识别 SARS 疑似患者[5-6]。而在 2014—2016 年西非埃博拉病毒感染疫情期间,移动电话数据被用于模拟旅行模式,通过手持测序装置可更有效地追踪接触者,并更好地了解疫情的动态。

6.4 感染性疾病的挑战

感染性疾病(infectious diseases)是由各种病原微生物引起的疾病,其中具有传染性并在一定条件下可以造成流行的疾病称为传染病。从十四世纪四五十年代欧洲的黑死病、1918 年的大流感的暴发开始，感染性疾病一直威胁着人类的生命安全。

虽然几个世纪以来，人们似乎仍旧对这些突如其来的流行病束手无策，但是细菌理论的建立和微生物鉴定方法的发展极大地推动了鉴别传染病病原体的发展[7]。1928 年，亚历山大·弗莱明爵士机缘巧合之下发现了青霉素（真菌产生的一种抗菌成分），预示着现代"抗生素时代"的来临[8]。弗莱明爵士的发现，以及此后各种抗生素的发展，使医生面对先前束手无策的感染性疾病，第一次获得了有效的治疗手段。而在 1950 年前后，在见证了青霉素的广泛使用、脊髓灰质炎疫苗的开发和结核病药物的发现后[9]，有些乐观主义者已经开始宣称感染性疾病已经被根除。甚至在 1967 年，美国公共卫生总署署长表示抗击传染病的战争已经胜利。殊不知微生物鉴定的时代才刚刚拉开帷幕，与感染性疾病的"拉扯"仍旧处于进行时。

在 1981 年，时任美国国家过敏和传染病研究所所长的 Richard Krause 警告道：微生物的多样性和进化活力仍然是威胁人类的动力。而此时，艾滋病——作为历史上最具破坏性的流行病之一——已经悄悄出现。

6.4.1　新出现或新发现的感染

根据感染性疾病出现的根本原因和最佳预防或控制措施的不同，感染性疾病被分为"新出现""重新出现"或"蓄意出现"。新出现的感染性疾病是以前在人类中未被发现或识别的感染性疾病。许多不同的因素促成了它们的出现，包括微生物基因突变和病毒基因重组或重配、宿主或中间昆虫载体种群的变化、微生物宿主的变化、人类行为变化（特别是人类运动和城市化）以及环境因素。众多的微生物、宿主和环境因素的相互作用，为感染性病原体进化成新的生态位和适应新宿主创造了机会，致使传播性增强。

以下以艾滋病这类由人类免疫缺陷病毒（human immunodeficiency virus，HIV）导致的新发感染病为例进行讨论。迄今为止全世界已有超过 6000 万人感染了 HIV[10]，它造成了患病人群的免疫缺陷，并显著增加了其对各种机会性病原体的易感性。但在传播给人类之前（预计在 70 ~ 80 年前），HIV – 1 和 HIV – 2 已经在与人类相似的宿主[11]（如黑猩猩、白枕白眉猴等类人灵长动物）中得到进化。也许如果不是因为殖民

入侵,导致撒哈拉以南地带的非洲的经济和社会基础设施遭到严重破坏,艾滋病可能永远不会出现。随着农村人口向大城市流动,部分地区贫困的加剧和家庭结构的削弱导致了某些病毒传播行为的出现,而性生活混乱、卖淫等行为进一步加剧了病毒的传播。与艾滋病相关的免疫缺陷,以及癌症化疗、免疫介导和器官移植,使得全球免疫抑制人数在过去几十年中大幅度增加(可能超过世界人口的1%),其中包括许多重复感染的病例。然而传染源、宿主和环境之间这种复杂的相互作用并不是HIV所独有的。下面引用的例子进一步说明了人口密度、人类活动和环境变化是如何相互作用,以创造微生物或病毒适应的生态位。

首先是人畜共患病和媒介传播疾病。由于环境变迁和人类行为干预等因素,某些传染病病原体与人类的接触日益增加。种植业、饲养家庭宠物、狩猎、露营、森林砍伐等都为这种传染病病原体侵入人类宿主提供了可能。但是由于这些传染病病原体已经适应了非人类宿主,因此它们通常不会在人与人之间传播。而这些感染性疾病主要分为人畜共患病——动物感染后传播给人类,以及媒介传播疾病——通过节肢动物媒介从一种脊椎动物传播到另一种脊椎动物[12-13]。

1993年在美国西南部地区第一次发现汉坦病毒肺综合征(Hantavirus pulmonary syndrome,HPS)流行,就是由鹿鼠的种群激增引起的。啮齿动物数量的增加和最终的食物短缺迫使鹿鼠进入人类生活区域,最终使人们暴露在含有病毒粪便环境中。而1998—1999年马来西亚尼帕病毒的流行进一步说明了人类行为和环境变化对新发人类感染的影响。由于果蝠的正常栖息地已被森林砍伐所破坏,而挤在果园内或果园附近的围栏里的猪会吸引果蝠,而其粪便中含有当时未知的副粘病毒。病毒雾化导致猪感染,过度拥挤导致病毒传播率爆炸式增长,最终导致养猪业工作者感染。此外,2003年,猴痘——一种非洲啮齿动物的地方性感染——随着出口的宠物横渡大西洋,感染了从得克萨斯州到整个美国中西部的人。而由于人类活动的干预,导致人与鹿、鼠和蜱的接触越来越多,从而通过媒介感染伯氏疏螺旋体使得莱姆病复发。

6.4.2　诱发新感染性疾病的已知病原和慢性病相关病原体

当前一些新出现的感染性疾病是由曾经已知的某些微生物导致的,由于其遗传物质的改变或者环境、人类行为等众多因素的相互作用,促使这类感染性疾病的出现。

1883 年,Robert Koch 无法验证新发现的 Koch – Weeks 杆菌会导致严重疾病。而在一个多世纪后,一种被称为巴西紫癜性发热的新发感染性疾病的病原体就是克隆变异后的 Koch – Weeks 杆菌[14]。虽然不知道其余新发感染性疾病或其他更严重的感染性疾病是否由 Koch – Weeks 杆菌或其他出现过的微生物诱发,但是这类事件应受到关注。

此外,与慢性病相关的感染性疾病是具有挑战性的新发感染类别之一。其中包括乙肝、丙肝等慢性病与肝癌的关联,人乳头瘤病毒(human papilloma virus,HPV)与子宫颈癌之间的关联,以及最近引发人们关注的幽门螺杆菌与胃溃疡和胃癌之间的关联[15 - 16]。而随着研究不断深入,将不可避免地发现其他传染源与特发性慢性病之间的其他关联。

6.4.3　耐药性微生物

自从青霉素被发现,并在世界范围内应用,我们就进入了抗生素的黄金时代。多种抗生素的发现和使用使得多种感染性疾病得到控制。然而,在近二三十年内,抗生素的耐药性问题被不断提及,甚至在 2011 年世界卫生组织也提出,要抵御抗生素的耐药性[17 - 18]。细菌可以通过染色体基因突变和水平基因转移获得对抗生素的耐药性,从而导致超级细菌的出现。耐甲氧西林金黄色葡萄球菌、肺炎克雷伯菌、肺炎链球菌、艰难梭菌、沙门氏菌、大肠杆菌、铜绿假单胞菌和耐万古霉素肠球菌属等都是超级细菌的典型例子。而超级细菌一旦蔓延,可能就会像回到青霉素被发现之前一样,一个小伤口都可能是致命伤。

6.4.4　面临再发疾病的挑战

除了新发感染性疾病、复发感染性疾病、慢性病等备受关注的领域外,控制感染性疾病的复发也十分关键。感染性疾病复发主要是指曾出现过的感染性疾病在一定区域内感染率骤增或感染范围迅速扩大,其中疟疾、结核病和霍乱是典型代表。

恶性疟原虫疟疾是目前世界范围内重要的复发疾病之一[19]。由于蚊子抗药性的增强以及出于对环境和人类、动物种群潜在影响的担忧,二氯二苯三氯乙烷(dichloro – diphenyl – trichloroethane,DDT)这类杀虫剂被废弃,随之而来的是疟疾的复发,并且在蚊子对氯喹和甲氟喹产生增强的耐药性后变得更糟。

结核病也是致命的再发疾病之一[20]。曾经异烟肼和其他药物对结核病的有效控制导致公共卫生部门不再将注意力放在结核病的预防和治疗方面,然而随着艾滋病的出现,具有免疫缺陷的患者,更易于感染结核病,同时耐药和多重耐药菌株的出现和传播使得治疗过程更加复杂。

霍乱由于致死率高,复发因素较为复杂[21],也是备受关注的感染性疾病之一。由于人畜共患病细菌的毒性和无毒菌株都保存在环境中,并且与植物、浮游动物、藻类和甲壳类动物一起迅速进化。这些环境菌株似乎充当人类毒力基因库,通过新菌株的基因转移产生新的毒性基因组合,从而导致周期性霍乱出现,引发大规模流行病。

6.5 感染性疾病的展望

历史告诉我们,人类的智力及意志与微生物非凡的适应性的斗争将永无止境。感染性疾病的持续出现和复发,可能会导致不可预测的流行病,这是对公共卫生、微生物学和相关科学的艰巨挑战。无论是感染性疾病的原因分析、精确检测和快速响应都是控制感染性疾病暴发的关键要素。在全球范围内,这些统筹工作由世界卫生组织协调。该组织在遏制 2003 年全球 SARS 暴发以及控制最近的 COVID - 19 传播的过程中都起到了统筹作用。

公共卫生领域的检测等步骤只是应对感染性疾病的第一步,要想充分解决该问题,就必须要进行基础和应用研究,以开发有效的对策。比如开发新的监测工具、诊断检测方式、有效的疫苗接种和其他治疗手段。随着研究不断深入,包括基因组学、蛋白质组学和纳米技术等学科的先进理论和技术已经被广泛地应用于疾病诊断、药物设计和蛋白质相互作用等方面的研究[22-23]。而这些技术的进步也为对抗感染性疾病做出了极大的贡献,包括乙肝疫苗等多种新药的开发、抑制 HIV 复制的抗逆转录病毒药物的研究等,极大地降低了感染性疾病的感染率或发病率。此外,基础和应用研究的共同发展极大促进了新药和疫苗的开发[24]。例如重组蛋白、免疫原性肽、裸 DNA 疫苗、编码免疫原性蛋白(包括嵌合体)的外源基因病毒载体、复制子和假病毒粒子。现在正在开发许多针对感染性疾病的新型候选疫苗,例如 HIV、埃博拉病毒、西尼罗河病毒、登革热、SARS - COV - 2、肺结核和疟疾的疫苗。特别值得注意的是最近进入临床试验的新型结核病疫苗,其方法是多年来首次在人类中评估了的新的结核病疫苗接种方法。西尼罗河病毒、登革热病毒和日本脑炎病毒的嵌合黄病毒疫苗在动物模型中有效,目前处于临床试验的各个阶段。

而我们对人类免疫系统的日益了解也有助于加快疫苗的开发[25]。在先天性免疫反应的情况下尤其如此。与作为疫苗传统目标的适应性免疫反应相比,先天性免疫反应在进化上更古老、特异性更低且起效更快。随着对先天性免疫与适应性免疫系统之间作用关系了解的不断深入,我们有机会去创造更有效的疫苗佐剂。例如,合成包含重复 CpG 基序的 DNA 序列以模拟细菌 DNA 片段对先天免疫系统施加的刺激活性,加速和增强免疫反应,这些序列展现出作为疫苗佐剂的前景。随着我们探究先天免疫反应和适应性免疫反应之间复杂相互作用的深入,我们期待会有更多的进展。

环境的快速变化和人类行为对于生态环境的干预,为众多感染源提供了新的生态位,这些传染源能够迅速适应,并逐步扩张。因此,潜在疾病的出现是快速进化、具有适应性的传染源与缓慢进化的宿主之间的冲突导致的结果。面对病原微生物与人类之间持续冲突所带来的挑战,不断完善、升级预防策略,不断改进相应的工具,并且加强公共卫生基础和临床科学之间的关系是至关重要的。

正如著名的感染性疾病战争倡导者 Joshua Lederberg 总结的:这是一场人类智慧与病毒基因之间的较量。全球科学界和公共卫生界不仅必须以明智的手段应对这一现实,而且还必须以长远的眼光和坚定的使命感应对这一永恒的挑战。

(李帅成　罗添丽　吴蓉蓉)

参考文献

[1] 孙佩元. 同一个世界,同一个健康——实现动物-人类-生态共同健康繁荣全球战略框架介绍[J]. 中国动物检疫,2009,26:5-7.

[2] BUDD J, MILLER B S, MANNING E M, et al. Digital technologies in the public-health response to COVID-19[J]. Nature Medicine,2020,26:1183-1192.

[3] 蔡智强,李丽萍,白雲屏. 公共卫生监测的过去、现在和未来:(三)未来[J]. 疾病监测,2015,30:897-903.

[4] AMMAR A, BOUAZIZ B, TRABELSI K, et al. Applying digital technology to promote active and healthy confinement lifestyle during pandemics in the elderly[J]. Biol Sport,2021,38:391-396.

[5] MEISKI J, REED K, STRATMAN E, et al. Multistate Outbreak of Monkeypox—Illinois, Indiana, and Wisconsin, 2003[J]. JAMA, 2003,290:30 – 31.

[6] 吴群红. SARS 危机的启示——建立重大突发公共卫生事件应急反应机制势在必行[J]. 中国初级卫生保健, 2003:10 – 12.

[7] MORENS D M. Measles in Fiji. 1875: Thoughts on the history of emerging infectious diseases[J]. Pacific Health Dialog, 1998,5:119 – 128.

[8] FLEMING A. On the Antibacterial Action of Cultures of a Penicillium, with Special Reference to their Use in the Isolation of B. influenzæ[J]. Br J Exp Pathol, 1929, 10:226 – 236.

[9] FASHAM MICHAEL J R. JGOFS: a retrospective view [M]//FASHAM M J R. Ocean biogeochemistry: the role of the ocean carbon cycle in global change. Berlin, Heidelberg:Springer Berlin Heidelberg,2003: 269 – 277.

[10] SHARP P M, BAILES E, CHAUDHURI R R, et al. The origins of acquired immune deficiency syndrome viruses: where and when? [J]. Philos Trans R Soc Lond B Biol Sci, 2001,356(1410):867 – 876.

[11] QUINN T C. Population migration and the spread of types 1 and 2 human immunodeficiency viruses [J]. Proceedings of the National Academy of Sciences, 1994,91:2407 – 2414.

[12] MEDICINE I O. Emerging Infections: Microbial Threats to Health in the United States[M]. Washington, DC: The National Academies Press, 1992.

[13] Institute of Medicine (US) Committee on Emerging Microbial Threats to Health. Emerging Infections: Microbial Threats to Health in the United States [M]. Washington (DC): National Academies Press (US), 1992.

[14] MUSSER J M, SELANDER R K. Brazilian purpuric fever: evolutionary genetic relationships of the case clone of haemophilus influenzae biogroup aegyptius to encapsulated strains of Haemophilus influenzae [J]. The Journal of Infectious Diseases, 1990,161:130 – 133.

[15] SANDERS M K, PEURA D A. Helicobacter pylori-associated diseases[J]. Curr Gastroenterol Reports, 2002,4(6):448 – 454.

[16] CHANG Y, CESARMAN E, PESSIN M S, et al. Identification of herpesvirus – like DNA sequences in AIDS-sssociated kaposi's sarcoma[J]. Science, 1994,266:1865 – 1869.

[17] LEE J H. Methicillin (oxacillin) – resistant staphylococcus aureus strains isolated from major food animals and their potential transmission to humans[J]. Appl and Environ Microbio, 2003,69(11):6489 – 6494.

[18] SIEVERT D M,BODLTON M L,STOLTMAN G,et al. Staphylococcus aureus resistant to vancomycin—United States, 2002[J]. JAMA, 2002,288:824 – 825.

[19] WELLEMS T E, MILLER L H. Two worlds of malaria[J]. New England Journal of Medicine, 2003,349:1496 – 1498.

[20] ESPINAL M A. The global situation of MDR – TB[J]. Tuberculosis, 2003,83(1 – 3):44 – 51.

[21] FARUQUE S M, NAIR G B. Molecular ecology of toxigenic vibrio cholerae[J]. Microbiology & Immunology, 2002,46:59 – 66.

[22] BAKER D, SALI A. Protein structure prediction and structural genomics[J]. Science, 2001,294:93 – 96.

[23] HENG Z, METIN B, Michael S. Proteomics[J]. Annual Review of Biochemistry, 2003,72(1):783 – 812.

[24] GLÜCK R, METCALFE I C. New technology platforms in the development of vaccines for the future[J]. Vaccine, 2002,20(3 suppl 3):B10 – B16.

[25] BENDELAC A. Adjuvants of immunity: harnessing innate immunity to promote adaptive immunity[J]. Journal of Experimental Medicine, 2002,195(5):19 – 23.

第 7 章
生物医学数据与身份识别

7.1 概述

随着生物医学技术的进步，人体相关的生物医学信息的获取、采集、储存、传输和应用都变得更加便利和普及。这些信息包括但不限于人类的生物遗传信息、影像信息、临床医疗信息，如面容、虹膜、指纹、步态、医学影像学信息等。虽然这些信息的共享和使用为医疗科研技术的提高和人们生活的便利带来巨大的作用，但同时也带来了生物医学信息安全风险，特别是身份识别风险。通常人们认为身份识别主要是通过个体的姓名、身份证号、手机号等识别符来进行，但是其实很多生物医学数据通过与外部数据相匹配可以用来进行身份识别。此外，生物特征（图7.1）由于其普遍性、唯一性和稳定性的特点，随着网络和电子信息技术的发展，也被广泛应用于身份识别和验证。例如，传统的依赖于密码的身份识别可能存在丢失、遗忘、被窃或被复制的风险。与之相比，生物识别特征具有很难被窃或忘记的优点，并难以猜测。但同时需要提到的是，生物特征识别系统可能会受到不同层面的攻击，比如在生物采集传感器、信息存储、特征提取、特征比对、决策等方面。因此在生物医学数据与身份识别应用中需要保障相关数据、算法和系统完整性、可靠性和真实性等。

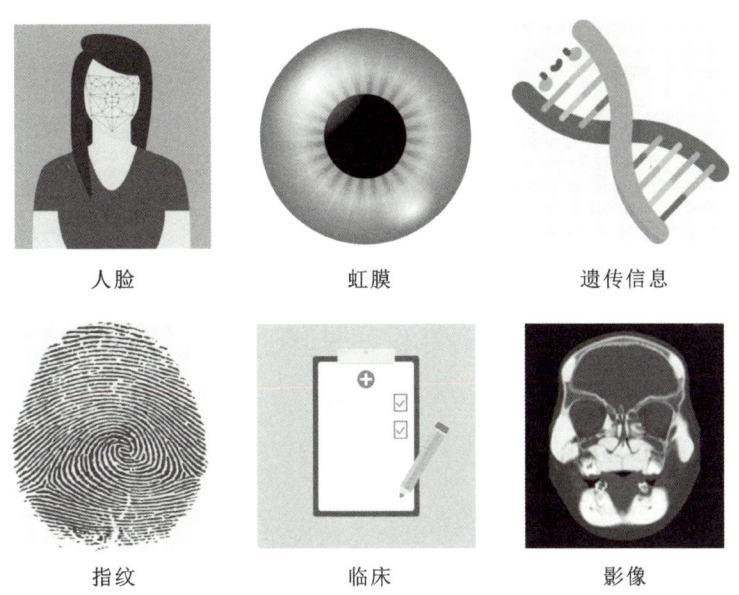

人脸   虹膜   遗传信息

指纹   临床   影像

图 7.1 常见的生物医学识别特征

　　生物医学数据与身份识别在学术研究、产业应用、政府层面以及社会层面都收到广泛的关注。在学术研究领域,生物医学数据与身份识别作为一个交叉领域的前沿研究方向,包括但不限于人工智能技术、生物学技术、信息学技术、计算机视觉技术等多种技术的融合。其技术上的挑战主要在于复杂场景下的精准身份识别。在产业应用领域,生物医学数据与身份识别技术被应用到医疗、金融、安防、政务等多个重要领域。在政府层面,生物医学数据与身份识别技术已经被纳入国家战略层面。例如 2021 年实施的《中华人民共和国生物安全法》《中华人民共和国数据安全法》《中华人民共和国个人信息保护法》等明确提出了对生物可识别信息的规范和保护。在社会层面,生物医学数据与身份识别相关的隐私、伦理、道德等问题也引起了广泛的社会关注。本章将主要从生物遗传数据、影像数据和临床医疗数据三个方面集中介绍生物医学数据与身份识别的相关问题。

7.2　生物遗传数据与身份识别

　　基因是包含遗传信息且能执行功能的 DNA 片段,位于能够编码蛋白质的区域。

而基因组,其含义更加广泛,不仅包含编码 DNA,还包含非编码 DNA 和线粒体 DNA,对于 RNA 病毒还包括 RNA,实际上是全部遗传物质的总和。基因组的差异决定了个体间的差异,即使是同卵双胞胎,在基因上也存在微小的不同[1]。基因组相对于个体的独特性,使得基因组能够反映个体的独特信息。利用基因组分析个体信息[1]具有两面性。一方面,在实际过程中存在需要进行个人信息提取的情况,例如犯罪嫌疑人追捕、受害者身份确认和遗传病诊断等多种场景;另一方面,个人信息提取,尤其是身份识别,在不被许可的情况下是一种隐私侵犯行为。因此,在使用基因组进行身份识别时,必须合法、合理、合情,避免泄露个人隐私。下面将从基因组在身份识别中的具体应用以及基因组与隐私安全和共享两个方面进行阐述。

7.2.1　基因组技术在身份识别中的具体应用

目前为止,基因组已广泛应用于种族亲缘关系确定、种族识别、亲子鉴定和个人身份识别。在法医学领域,这些应用,尤其是亲子鉴定和个人身份识别。通过在血液、阴道残留物、皮屑和组织碎片等中获得的 DNA,运用基因组技术在寻找犯罪嫌疑人、确定受害者身份、寻找遇难者亲属具有重要意义,是法医和刑事调查中强有力的工具。

基因组技术应用于个人身份识别,通常以检测相关标志物的方式来进行。由于基因组携带遗传信息,关于检测是否会泄露相关人员隐私信息的担忧一度甚嚣尘上。实际上,用于检测身份的位点位于非编码区域,这一区域并不具有遗传功能,因此不会泄露被检测人员及其家族的敏感信息。由于非编码区域过于庞大,需要从其中找到少数几个具有明显个体差异的位点。常见的位点分为以下几种类型。

7.2.1.1　短串联重复

短串联重复(short tandem repeat, STR)是由某段核心序列简单重复而得的一段 DNA 序列,其核心序列的长度一般为 2~6bp。核心序列的重复次数和区域长度则有较强的种族差异,使得 STR 具有明显的多态性。除此之外,STR 在个体间也有差异,因此可以作为类似"指纹"的标志物,用于识别个体身份信息。STR 在基因组中分布广泛,并且具有易于检测、操作简单、分型精度高等优点,现已广泛应用于实际个体身份识别(多为法医相关领域)和种族遗传关系的研究当中。

使用 STR 进行身份识别的步骤十分简单。STR 识别位点在常染色体、X 染色体以及 Y 染色体上均有分布。确定位点后,需要对获取的 DNA 样本使用聚合酶链反应(PCR)技术进行扩增,以便观察识别 STR 的具体序列。通过和已知数据库中录入的个体信息或其亲属的信息做比对,确定样本身份。研究表明,在缺乏个人参考信息的情况下,参与对比的直系亲属越多,越容易确定检测样本的身份。

目前,STR 的研究集中于寻找 STR 位点进行身份识别、种族亲缘关系分析等多个方面。这些研究证明了 STR 试剂盒在以上两个方面的有效性。针对实际处理过程中出现的非常规情况,例如嵌合体、双性人、变性人等情况,可以通过合理采样的方式解决。近期有研究表明,来自接受造血干细胞移植的性别不匹配患者群体的毛囊样本不包含 Y - STR 的变化,可以作为这些特殊人群的个体识别样本来源。

尽管 STR 在身份识别领域一直处于领先地位,但随着应用的深入,STR 标志物也缺点也逐渐显露。首先,STR 位点的长扩增子长度通常在 100bp 到 400bp 之间。降解后的 DNA 样本长度通常在 200bp 以下,这就不利于 STR 分析。另外,这种长链的扩增子也不容易分型。其次,STR 的高变异率往往会在具有低个体识别能力的亲属关系中指向错误的结果。因此,需要寻找其他基因组标志物以替代 STR,提高环境适应能力和身份识别精度。

7.2.1.2 单核苷酸多态性

单核苷酸多态性(single nucleotide polymorphism,SNP)指的是在基因组水平上由于单个核苷酸变异而产生的 DNA 多态性。SNP 是最常见的 DNA 多态性,在个体间存在差异。研究表明,SNP 在身份识别和种族亲缘关系判定上同样具有效力。

相比 STR,SNP 在精度以及处理降解后的 DNA 样本方面具有优势。明显的区别是扩增后 SNP 的长度明显短于 STR,可以小于 100bp,使得观察分析更加容易。在高度 DNA 降解的样本中,SNP 分型成功率也更高。SNP 有望代替广泛使用的 STR。事实上,目前研究人员常常会用 SNP 的结果对 STR 检测结果进行检验。然而,SNP 也存在一定缺陷,其基因分型平台需要复杂的化学物质和操作流程,这也使得 SNP 在法医应用实际中受到限制。

7.2.1.3 插入/缺失遗传标记

插入/缺失(insert/deletion,InDel)遗传标记指的是 DNA 链上出现碱基对插入或者缺失,是一种二元遗传标记。与 STR 和 SNP 相同,InDel 广泛存在于基因组中并且

具有个体特异性,可以作为身份识别的标志物。

InDel 兼具 STR 操作简便与 SNP 链长、易分析、精度高的优点。InDel 的检测与当前的基因分型平台兼容,这在大多数法医 DNA 实验室中很容易实现。除此之外,InDel 具有较低的突变率和具有长度多态性的双等位标记等特点,在法医学、人类学和遗传学等领域得到了广泛应用。InDel 的位点选择与 STR 和 SNP 选择一致。可供使用的 InDel 试剂盒也已经出现,如 AGCU InDel 50,其包含 47 种常染色体 InDels(A – InDels)、2 种 Y 染色体 InDels(Y – InDels)和 Amelogenin 基因座。

7.2.1.4 宏基因组(metagenome)

上述三种基因组标志物均是通过检测样本自身基因组,完成对检测样本的身份识别的。在缺乏个体基因组信息时,可以使用来源于环境的基因组信息进行辅助身份识别。宏基因组指的是环境中包含的所有遗传物质的总和,这些遗传物质不止来源于样本,还包括样本所在环境中空气、土壤、物体表面等的所有微生物的遗传物质。近几年来,宏基因组学在身份识别领域的应用研究逐渐兴起。利用宏基因组学鉴定样本身份,其原理在于人体内宏基因组的差异。通过接触,人体内的微生物侵染环境,故而在环境中遗留身份信息。这些转移而来的微生物生成的群落是稳定的,且对外部环境具有一定的抗性,因此能够维持较长的时间。

宏基因组能够辅助身份识别。研究表明,和使用者手部微生物种群最相似的应当是需要等长时间接触的工具。例如,在计算机键盘表面停留的微生物种群可以长时间保持稳定,最多达两周。手机表面的微生物种群也和使用者的非常相似,通过检测可获知使用者的身份信息和生活习惯。相比物体表面,空气中的微生物种群可能更具身份识别效力。除了皮肤表面的微生物外,毛发、口腔等部分的微生物同样具有辅助身份识别能力。以上都说明了宏基因组在缺乏足够的基因组信息时,对于成功完成身份识别具有有效推进作用。随着高通量测序技术的发展,宏基因组有望在身份识别中发挥更多作用。

7.2.2 基因组与信息安全和共享

身份识别不仅包括安全地运用基因特殊位点识别样品身份,更广泛地还包括不安全地使用基因信息获取非法信息。这来源于人们对基因组数据的使用并不局限于非编码区域,更多集中在编码区域。针对编码区域的攻击会极大地侵害基因拥有者的个人隐私,有可能造成对于个人甚至国家而言无法估量的损失。然而,对于编码区域数据的利用是必需的。编码区域编码蛋白,复杂的蛋白质调控系统控制着生命体的运行,不正常的调控系统会导致疾病的产生。通过分析基因组,研究得到至少三种类型的重要信息:①疾病和性状的关系;②身份识别;③家族性的遗传信息。这些对于提高生活水平、提高临床疾病治愈率、破解生命密码等方面均有重要意义。

尽管基因组数据对科学研究和疾病治疗做出了巨大贡献,一个不可忽视的问题是,基因组数据涵盖了样本拥有者的全部遗传信息,很容易反推出基因拥有者的隐私信息,例如身份信息、性别、年龄、健康情况、患病史和家族史等。常见的针对基因信息的攻击方式有三种:①身份跟踪攻击,通过多方来源的不包含身份信息的数据推测拥有者的真实身份信息;②属性泄露,根据基因组数据推测患病概率、药物滥用等情况;③完成攻击,根据片段的 DNA 数据或者家庭成员遗传信息,推测相关人员的基因组信息。这些攻击行为背后隐藏着高额的利益。保险公司可以通过检测投保人患病位点,推测投保人患病的概率,从而制作有利于公司的保单内容;生物医药公司也可以通过基因分析获取地域或民族性的遗传病患病情况,据此精准投放广告,最大化经济利益。既然基因组数据的应用是不可避免的,如何在这些不可避免的场景中对基因组数据加以保护,防止泄露基因拥有者的隐私信息,就成了当前需要解决的重要问题。

基因组数据从开发到使用,最终实现其价值需要经历多个步骤,由多个参与者协同完成,是一项非常宏大的工程。其中每一个步骤都可能造成隐私泄露。本小节将从基因组数据的安全存储、使用和分析以及共享三个方面,浅谈针对基因组数据的隐私保护。

7.2.2.1　基因组数据的安全存储

基因组数据包含个人隐私信息,为避免攻击,需要以安全的方式进行存储和管理。除了安全性要求外,存储还应当满足合法访问者的使用要求,提供安全高效的访问方式。

首先需要解决存储问题。2007 年,高通量测序技术在市场上流行开来,在其不断发展的十几年里,基因组测序的花费越来越多,测序速度越来越快。大体量的基因组数据给存储带来了难题,为减少存储代价,可以通过压缩的方式减少数据体量。目前有很多种基因组数据压缩方式,其中一种是利用基因序列中的重复序列进行压缩。还

有一种基于人类个体基因序列的相似性,用只存储差异的方式减少存储数据。近年来,基因组数据存储与云计算技术的联合,借助云计算技术,数据存储代价大大降低,同时计算速度也有了提升。

存储设备应当在满足安全性的前提下实现数据查询和使用。存储系统可以为访问者设置身份,从而区分数据获取权限,限制非许可人员获取超越权限的数据。对于大多数可以进入到存储设备系统的人员,查询基因序列是一项基本功能,其本质是字符串搜索。Shimizu 等人提出了基于加法同态加密和遗忘转移的方法[2],实现安全高效的字符串搜索。用户查询后,存储设备将返回相应的数据。在隐私保护的考量下,这个返回的结果并非真实值。存储系统会采用加密的方式掩盖分发数据的一部分真实性,借此降低隐私泄露的可能。上述加密往往是通过添加扰动的方式实现的。例如使用群体特性作为扰动,对某个体进行掩盖,加密数据文件并使用公钥进行数据共享。或者使用某种特殊分布形式的扰动,对结果进行加密,如差分隐私法。经过一系列处理,基因组数据在存储器中被安全保存,被合法用户下载后进入数据分析和处理步骤。

7.2.2.2 基因组数据的使用和分析

基因组数据分析在疾病治疗方面取得了丰硕的成果,涵盖致病机制、诊断方法、治疗方法和药物设计等多个方面。数据分析手段在其中扮演了重要角色,然而传统的分析手段大多未考虑隐私保护。在不受保护的情况下,攻击者同样可以根据分析者的结果反推出隐私信息。已有研究发现,针对 SNP 的统计方法的结果,例如 P 值和卡方值,会泄露隐私信息。

目前,针对基因组分析方法的隐私保护方法大多数围绕同态加密方法展开。同态加密被誉为是隐私数据分析的最终解决方案之一。假设真实的基因数据称为明文,加密后的数据称为密文,在同态加密手段下,针对密文的计算结果与在明文上直接进行的计算结果相同,实现数据"可算不可得"。近几年,越来越多的基因组分析方法有了结合同态加密的隐私保护版本。Blatt 等人实现了全基因组关联分析(genome - wide association studies,GWAS)的同态加密方法,新设计的框架在个人水平上满足隐私保护需求,不需要用户进行信息交互[3]。研究人员利用同态加密方案 HEAAN 开发了一种半并行的 GWAS 算法,该方法借助优化方法和伴随矩阵替代矩阵求逆等多种方式,实现有效且迅速的隐私保护计算。除了同态加密之外,还有差分隐私、多方安全计算等方式可用于隐私保护。研究人员使用差分隐私实现了卡方值的匿名化,直接避免了来源于卡方值的隐私泄露。作者还提出了新的匿名化方法用于大型真实数据。研究人员利用相邻距离算法改进了基于差分隐私的GWAS算法,克服了原版在计算效率上的缺陷。基因组分析算法不仅包括上述简单分析方法,还包括很多复杂算法,例如支持向量机、贝叶斯分析、神经网络等,还需要研究更多框架已满足分析的需要。

7.2.2.3 基因组数据的共享

随着大数据时代的到来,单独的机构很难拥有足量数据,数据共享成为获取更高精度数据分析结果的必经之路。然而当前复杂的环境使得数据共享难以施行,需要强有力的隐私保障工具保证共享的安全性。基因组数据共享根据分享对象的类型至少可以分为两类,一类是个人向数据管理方分享信息,此时隐私保护的对象是提供者的个人信息;另一类是数据拥有者(如医院、银行等大型机构)之间的数据共享,其根本目的是增强数据分析能力,这种情况下的隐私保护的主要目的是防止把机构的私有数据暴露给合作方。

个人向数据管理方提供基因组信息的隐私信息的保护主要以保护个人隐私为目的。这种分享情况多发生在医院,如患者主动向医生提供基因组信息进行疾病诊断。对于分享者而言,其隐私要求有三个:①保护隐私信息;②保护与隐私信息相互依赖的数据;③提供尽可能多的非隐私数据。为此,研究人员设计了 ϵ – 间接隐私方法,该方法确定攻击者的知识会在一个 ϵ 大小的边界内收到非敏感信息的改变,据此决定每一小部分的信息是否应该公开。除了主动的数据分享,个人数据也会在就诊过程中被收集,可以采用 k – 匿名、隐私约束匿名、L – 多样性等方法对贡献者的信息进行隐藏。

机构间的信息共享要求各方的数据可以联合计算,而不需要互相知晓。假设所有参与计算的数据是一个完整数据集,则每个机构的数据实际上是该数据集划分后的子数据集。数据集划分方式主要有以下三种。①横向划分:划分后子数据集之间特征集合基本相同而样本不同;②纵向划分:划分后子数据集之间样本集合基本相同而特征不同;③混合划分:划分后子数据集之间特征集合和样本集合均不相同。目前应用于完成机构间数据共享的模型主要有两种:多方安全计算和联邦学习。多方安全计算以分布式的方式处理各机构上传的数据各个机构将数据上传给一个信任的独立数据处理机构,该机构对数据进行整合和分析,并将处理结果返回。在保护隐私的前提下,各个机构只能获得对应于己方数据的结果。联邦学习(或联邦机器学习)在2016年由谷歌公司提出,其内涵在于各个机构共同训练模型时,每个机构都只以自己的数据为

基础训练一个小范围的模型,这个小模型的参数将被提交至中央处理者,与其他机构的参数进行整合后再分发回各小模型继续训练,循环往复。也就是说,各个机构参与到模型训练的方式并不是以数据本身参与,而是以训练后的参数参与,这就从根本意义上阻止了数据泄露的可能性。

综上所述,使用基因组进行身份识别存在两种情况。一种是安全的且已被广泛应用的场景,如在法医学领域,基于非编码区域的特殊位点进行精准的身份识别。样本需要被进行身份的理由是合理合法的,因为其大多来源于犯罪嫌疑人、受害者等。另一种是具有隐私泄露危险的,如在医学领域,针对编码区域的部分进行分析。这些数据直接反映了样本拥有者的遗传信息,在数据存储、分析和共享等多个过程,都有可能泄露样本拥有者的敏感信息。可以说,基因组的应用是一把双刃剑。如何有效地利用基因数据进行身份识别,同时不泄露隐私保护样本拥有者合法权益,已经是科学领域必须面对的重大问题。

7.3　影像数据与身份识别

7.3.1　生物特征识别

7.3.1.1　生物特征识别概述

医学影像中包含了丰富的生物特征信息,比如面容、虹膜、指纹、人体骨骼、步态等。而这些特征对于个体来说具有唯一性与稳定性,因此可用作身份识别。我们将采用机器智能技术对人体的生物特征信息进行获取分析,实现身份鉴别、属性分析的操作称为生物特征识别。

在一个高度信息化的社会,身份验证用到了生产生活的各个方面,传统的利用密码、磁卡等身份鉴别方法具有容易遗忘、容易盗用等问题。

随着对身份鉴别准确性、可靠性及便利性要求的日益提高,人们开始采用人体自带的生物特征进行身份识别。这些生物特征具有人各有异、终生不变、随身携带三个特点,因此在用作身份识别时对应的具有准确性、稳定性、便利性三个优点。

7.3.1.2　生物特征识别的技术基础

生物特征识别的过程是指采取技术手段对个体生理、行为特征进行提取,与数据库中已有模板数据进行对比,从而完成身份认证。基于影像数据的身份特征识别需要借助于计算机视觉、信息处理、人工智能、模式识别等技术手段。如图 7.2 所示,处理过程通常包括数据采集、数据标准化处理、特征提取、识别分析等。需要将生物特征库中的特征模板跟待识别个体的特征进行匹配完成身份识别。

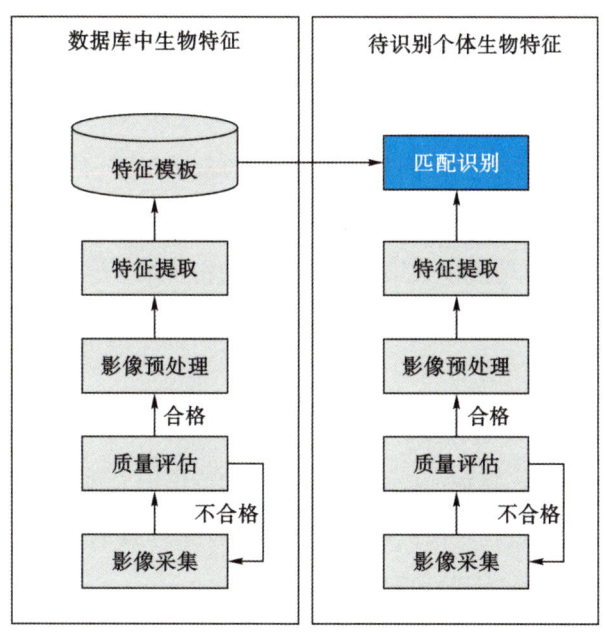

图 7.2　生物识别特征提取与匹配流程

7.3.1.3　生物特征识别的产业应用

生物识别技术最早在刑侦领域应用,慢慢地扩展到民用领域生活生产的方方面面(解锁、门禁、考勤、支付、认证、安检等)。金融、安防领域对于用户身份认证有较强需求。智能汽车等新型产业的崛起也将释放大量的生物识别需求,该技术在驾驶员识别、人员状况判定、防盗等场景有着广泛的应用。受益于 3D 成像技术和传感器模组的迭代升级,生物识别技术将成为未来物联网智能终端的标准配置。*Markets and Markets* 的报告指出,全球生物识别市场由 2018 年的 168 亿美元快速增长至 2023 年的 418 亿美元。阿里达摩院曾预言"数字身份将成为第二张身份证"。

7.3.1.4　多种生物特征识别方法

常用的生物特征身份识别有指纹、面像、虹膜、指静脉等识别方式。早期以指纹为

主,后来神经网络等 AI 技术的全面发展,推动了人脸、虹膜等生物识别技术的快速普及。尤其是虹膜识别因为其具有的高安全性、稳定性、防伪性等优点,可以在超大规模数据库上获得快速匹配,将在金融等对数据安全要求较高的领域获得更多的场景应用。

1. 指纹识别(fingerprint recognition)

指纹是人体手指末端上的乳突线纹路。每个指纹包含了至少数千个可测量的独立特征,用以区分相互之间的差异,因此足以保证每个指纹的独一无二性。在做指纹识别的时候,需要将离线与在线指纹进行匹配,通常情况下,只需要采集细胞节点特征。离线的指纹预存在指纹库中,需要满足一定的质量要求,通过细节点特征提取存储细节点数据库,形成细节点模板用于跟待识别的指纹细节点进行匹配。在线指纹是指待识别的指纹,同样通过图像处理提取出细节点后跟离线库中的细节点模板进行匹配,生成结果。

2. 面像识别(face recognition)

面像识别是指通过人脸特征提取,把捕捉到的待识别人脸特征跟预先录入人员库的人脸特征进行比较的过程。面像识别采用图像识别的技术,包括人脸采集、人脸检测、关键点提取、特征提取、人脸识别五个步骤。

(1)人脸采集:面像识别的数据源通过摄像头采集人脸图像。

(2)人脸检测:通过人脸检测定位出人脸在图片中所在的位置。可采用 AlexNet 深度卷积神经网络进行人脸目标检测;Cascaded CNN 和 MT – CNN 等级联 CNN 可使目标定位更精确;Faster R – CNN、YOLO、SSD 等端对端的神经网络模型实现了整个检测过程的全自动,并进一步显著提高了检测精度。

(3)关键点提取:在定位出人脸位置之后,需要提取面部关键点,作为图像识别的重要信息,比如眼角、嘴角、鼻尖以及面部轮廓等。ASM 是早期经典的关键点定位算法,采用 PCA 对人脸形状及形状无关纹理进行建模,从平均脸出发进行预测定位。后续学者们开始使用 CPR、ESR 等级联回归模型,以及基于深度卷积神经网络来拟合人脸形状回归函数,进行关键点定位。后续又相继出现了一些用以提高精度及适用于 3D 场景的基于 CNN 的关键点提取改良方法。

(4)特征提取:人脸识别的核心是提取具备区分不同人脸能力的特征。早期通过线性特征变换与降维来人工设计特征,用于简单场景。后面采用了卷积神经网络进行自动特征提取,很多方法通过损失函数的设计改良可以提高预测精度。

(5)人脸识别:早期如果是人工设计进行特征提取,需要采用分类器对待识别的人脸特征跟数据库中的人脸特征进行匹配识别。如果用神经网络进行特征提取,特征提取与识别是在一起完成的。

面像身份识别还可以进行活体检测,可以防止打印人脸、屏显人脸、3D 面具等人脸欺诈行为。

3. 虹膜识别(iris recognition)

虹膜是瞳孔与巩膜之间的环形可视部分,在红外线照射下呈现丰富的视觉特征,具有唯一性、稳定性、非接触、便于信号处理、防伪性好等优点,每个人的虹膜结构各不相同,同一个人,左眼与右眼的区别也十分明显。但是在虹膜发育完全后,在人的一生中是稳定不变的。与指纹、面像等其他身份鉴别方法相比,虹膜具有更高的准确性。因此虹膜是基于生物特征进行身份识别的一个很好的选择。

如图 7.3 所示,基于虹膜的身份鉴别包括虹膜图像获取、图像预处理、虹膜特征提取、匹配与识别四个步骤。

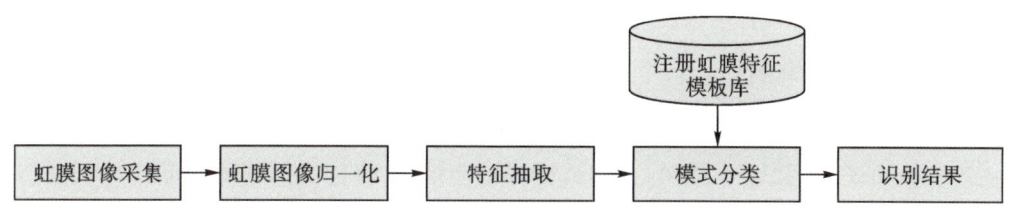

图 7.3 虹膜特征提取与匹配流程

(1)虹膜图像获取:因为虹膜尺寸较小,对分辨率的要求又较高,所以影像的获取比较困难,需要采用专业的可以获得足够清晰的虹膜图像的装置。可采用变焦镜头、云台、扫描、相机矩阵等技术进行虹膜图像采集。

(2)图像预处理:虹膜图像预处理是指虹膜定位与归一化。定位是指确定虹膜与瞳孔及巩膜交界处的边界,分割出其纹理的有效区域。需要去除眼睑、睫毛、眼白等其他部位。早期常用的定位方法是采用椭圆、抛物线模型拟合虹膜区域,计算出曲线参数。后续的一些研究人员采用神经网络语义分割模型来提取有效区域。归一化是去除图像本身大小与光线不均匀造成的影响。

(3)虹膜特征提取:可采用 Gabor 滤波、二维小波变换等技术进行特征抽取。虹膜

的特征提取早期大部分是基于相位、纹理的分析,也有采用滤波器的方法,后续也是采用各种神经网络模型。

(4)匹配与识别:通过 KNN、神经网络等分类器将待识别虹膜与注册虹膜特征模板进行匹配识别。

4. 指静脉识别(finger vein recognition)

指静脉是指手指静脉血管,它的分布在个体间具有唯一性,因此也可以通过它进行身份认证。可使用特定波长的近红外线穿透手指获取静脉成像。静脉中的脱氧血红蛋白与其他生物组织对近红外光的吸收率不一样,当光线透过表皮进入皮下组织时,被静脉血管中的血红蛋白大量吸收,造成静脉纹路在图像传感器中的投影。指静脉识别具有稳定性高、防伪性强、支持非接触方式等优点,另外它还支持活体检测能力。

5. 步态识别(gait recognition)

步态识别是利用视频的图像序列建立模型,提取任务步态轮廓特征进行身份识别。跟其他生物识别技术相比,它适合在远距离、非受控的场景下进行身份识别,一般用于视频监控。它具有难伪装的优点。但如果有遮挡、着装、摄像头角度问题等因素影响,容易造成视觉误差。

步态识别包括基于人体模型的方法及基于非模型的方法。基于模型的方法需要通过先验知识建立 2D 或 3D 的人体结构和运动模型,将待识别图像的动作特征映射到模型的结构成分上来进行身份识别。非模型的方法可直接从视频中提取特征方法,比如基于 3D – CNN 的方法可用于人类动作识别。

7.3.2　影像数据隐私安全

7.3.2.1　影像数据与生物特征

通过这些生物特征进行身份识别具有广泛的应用场景,也给我们的生产生活带来了极大的便利。

原本用于医疗诊断的医疗影像数据因其包含了各种大量的生物特征数据,在使用的过程中,如果造成数据泄露,被不法分子利用,很可能对患者的个人隐私造成很大的侵犯。因为,不仅只有姓名、身份证号、年龄等我们习惯认为的敏感数据才会对个人造成干扰,通过上述指纹、面相、虹膜等影像个人数据跟生物特征数据库进行匹配,同样能够识别定位到该用户到底是谁。

7.3.2.2　影像数据在医疗行业的应用

医学影像是指在医学诊疗或研究的过程中,对人体或人体某部位,以非侵入方式取得内部组织影像的技术与处理过程,它包括医学成像与图像处理两个过程,主要通过 X 射线、电磁场、超声波等介质与人体相互作用进行造影,把人体内部组织器官结构、密度等信息呈现出来供诊断医师判断。

影像是医学诊疗的重要数据,医生的诊疗结论需要有数据的支撑,医疗行业 80%~90% 的数据都来源于医学影像,临床医生对影像有着极强的需求,他们需要对影像进行各种各样的定量分析、历史图像比较,以便完成诊断。

影像数据主要用于医学诊断与疾病筛查,采用 AI 技术参与医学影像诊断可以提高医务人员的工作效率及判断的稳定性与准确率。人工智能参与医学影像诊断的方式主要是通过影像分类、目标检测、图像分割和检索等能力进行病理分析。比如,数字病理图像非常大,部分肿瘤病理图像甚至达 40×40 万像素,需要分析的细胞非常多,医生人工分析需要花费大量的时间。上述图像检测、分割等人工智能技术可以批量识别出细胞的病变形式及发展程度。AI 影像辅助诊断技术在具体实施上主要用于图像生成、图像标注等环节。比如通过新的图像建构方法,从原始数据中生成适合人类解释的图像;提取图像中结构化的信息对图像进行标注,有助于快速准确地进行图像识别与解读。基于非医学影像数据库 ImageNet 训练的 CNN 模型,可用于胸部影像的病理识别。

此外,对医学影像进行特征分析,有利于实现个性化医疗。Philippe Lambin 等人从肿瘤病理相关的图像数据中提取高维数据,通过定量分析后,通过临床决策支持系统进行医疗决策,用于增加药物个性化交付等服务[4]。使用影像数据还可以创建患者特定的模型,可用于外科手术医疗规划。Nathan Wilson 介绍了一种可用于心血管疾病医疗规划的模拟系统,该系统可根据影像数据生成患者模型用于心血管手术规划,对传统仅依靠经验与诊断数据进行医疗规划做了一个有效补充。

7.3.2.3　影像数据使用存储方法

在采用 AI 技术进行医疗影像数据挖掘使用时,需要联合多家医院进行数据融合,

因为影像数据越充分,AI 模型的识别预测能力越强大。因此国内很多地方都建立了区域影像数据中心以实现影像数据的共享交换。医疗影像数据中心的数据存储方式包括集中式与分布式两种:集中式是指要求参与信息共享的医疗机构将影像数据传到信息中心;分布式架构中,医疗参与机构产生的数据不向中心上传,中心向数据产生点提供数据协同交互服务。分布式中心可以节省硬件资源,保障数据安全性。

7.3.2.4 影像数据安全防范

医学影像数据中心在进行数据融合交互的时候,在数据的传输存储过程中容易受到外部的攻击,造成患者隐私的泄露。影像数据一旦泄露,存在很大的可能通过生物特征识别技术精确的定位到个体信息,或分析出该个体的职业、性别等特性被相关营销机构利用。

所以有必要建立合规的医疗影像数据使用方式及流程,以保障影像数据隐私的安全。上海市计算技术研究所与海军军医大学第二附属医院(长征医院)、复旦大学附属华山医院等 9 家医院的有关肺影像数据的研究中,需要将影像数据在研究平台中融合,他们在数据传输前对敏感数据进行脱敏,传输过程中采用 RSA 加密算法对 DICOM 文件进行加密处理,在一定程度上保障了数据安全[5]。Georgios A. Kaissis 等人阐述了一种联合机器学习的方法,用于保障医学影像数据的隐私安全,这种方法可以使在用影像数据进行 AI 模型训练时,各数据提供方的原始数据不用对外传输,利用数据使用的最小传输原则保障了其安全性。Vishal Pater 采用区块链分布式存储方式进行跨域图像共享,提供了一种通过共识去中心化的方法在共享医学影像数据进行隐私保护。研究人员开发了一个医学数字成像和通信(DICOM)去标识化工具包,可用来匿名化 DICOM 数据,它可以适配不同类型的影像数据,达到去识别化要求。

7.4 临床数据身份识别

7.4.1 临床数据定义及其需求

临床数据大致可以分为六大类型:电子病历、行政资料、理赔数据、患者/疾病登记数据、健康调查资料以及临床实验数据。临床数据主要来源于医疗健康单位对人民群众的疾病护理、健康保健服务,以及临床试验的日常工作中。临床数据包含大量的个人敏感信息,例如姓名、身份证号码、出生年月日、住址等。

随着人工智能算法和互联网大数据的快速发展,各种研究机构和相关企业对于医疗健康数据的需求与日俱增。尤其是医疗行业中一系列传统领域(医疗诊断、药品研发等)结合最新的人工智能和大数据技术,不断衍生出的新兴技术领域。对于医疗健康数据,尤其是临床数据与日俱增的需求在极大程度上加大了个人敏感信息被重新识别并泄露的可能性。例如,2016 年,New Scientist 网站揭露了谷歌和英国国家医疗服务体系(National Health Service,NHS)的一项数据共享协议,该协议使谷歌 DeepMind可以访问数百万 NHS 患者的信息。

7.4.2 临床数据身份识别案例和技术保护

1997 年美国马萨诸塞州州长威廉·韦尔德身份识别的事件深远影响了美国 2003年《健康保险流通与责任法案》(Health Insurance Portability and Accountability Act,HIPAA)隐私规范中去标识化条款的制定。马萨诸塞州集团保险委员会(Group Insurance Commission ,GIC)向研究者发布了经过去标识化处理的患者数据,研究者结合网上可以购买的剑桥市选民名册数据(其中包含姓名、地址、邮政编码、出生日期和性别信息)成功识别了威廉·韦尔德的个人身份。这类攻击被称为链接攻击(linkage attack),如图 7.4 所示,链接攻击尝试通过将匿名数据与背景信息相结合来重新识别匿名数据集中的个人。

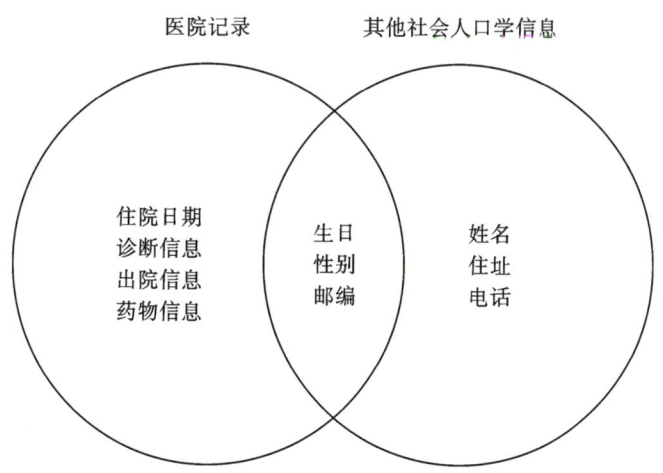

图 7.4　结合临床数据和社会人口学数据的链接攻击示意图

2017 年的一项研究使用了澳大利亚政府公开的 10% 公民（大约 290 万人）的医疗账单信息进行身份识别分析，仅用 6 周时间就成功解密了经过去标识化处理的数据，迫使该数据库下线。该研究表明：①通过一些简单的事实即可识别出一个人的身份信息（例如出生日期）；②通过公开的信息（医疗保险信息、医疗账单信息以及人口普查信息等）可以轻易识别部分人群；③降低数据的精度或在统计上扰乱数据，可以使身份识别逐渐困难。

另一项研究表明，即使利用少量的不完整数据进行分析，也可能导致大概率的个人信息识别。该研究使用高斯联结相依函数（Gaussian copula）设计了一种统计学分析模型，并使用社会学数据，调查问卷数据以及临床医疗数据对该模型进行分析训练。该研究主要得出了以下三个结论：①即使使用严重不完整的数据集合，少量几个特征属性就可以大概率识别特定人群；②采样或发布部分数据无法提供合理推诿；③即使对医疗数据进行去标识化处理，该模型依然可以有效识别个人信息。

医疗数据去标识化被认为可以有效减少身份识别的概率。但是越来越多的研究表明，很多经过去标识化处理数据都已经被新的技术和研究重新识别。比如 Sweeney 等人的一项研究表明，结合一部分公开的社会人口统计数据，可以成功对一些医院的出院数据（已经过去标识化处理）进行重新身份识别。为了应对这种情况，其他一些技术可以提供额外的身份识别保护，例如 k - 匿名、L - 多样性、T - 亲密度以及差分隐私等。k - 匿名的目的是保证公开的数据中包含的个人信息至少 $k-1$ 条不能通过其他个人信息确定出来，但其无法防止属性公开（比如无法抵抗一致性攻击和背景知识攻击）。L - 多样性保证了相同类型数据中至少有 L 种内容不同的敏感属性，进而增加了用户的隐私通过背景知识等方法推测的难度，但其条件很难达成并且受限于某些攻击，例如偏斜性攻击（skewness attack）。如果等价类中的敏感属性取值分布与整张表中该敏感属性的分布的距离不超过阈值 t，则满足了 T - 亲密度，进一步弥补了 L - 多样性的缺点。差分隐私是一种严格的数学可证明的隐私保护技术，主要通过在数据结果上加入不同类型的噪音来实现，其优势在于将攻击者的背景知识最大化（能够获得除目标记录外所有其他记录的信息）。

另一方面，针对大量临床医疗数据的身份识别案例，大量研究者致力于身份识别风险和人群唯一性的数学建模。Fida Kamal Dankar 等人使用临床数据进行模拟研究，评估了大量已有的模型方法并据此提出了一种准确的决策规则用于临床数据的人群唯一性的评估和建模,该规则可以稳定地评估患者身份识别的风险。经过大量数据评估,该决策规则选择并使用了 Pitman 模型、滑动负二项式以及 Zayatz 估计器三项技术。

综上所述,临床数据的身份识别一般需要结合其他社会人口学数据进行链接攻击。去标识化处理技术可以有效减少身份识别风险,但是随着技术的不断发展和进步,去标识化处理的数据变得越来越不安全,数据保护技术需要不断地发展和进步来防御新的攻击。另一方面,对于身份识别风险和人群唯一性的数据建模和评估工作已取得一定成果,可以有效评估身份识别的风险。

7.4.3　临床数据保护政策法规

针对临床数据身份识别的风险,国内外都进行了专门的立法保护。例如,美国《健康保险流通与责任法案》(HIPAA)规定了 18 种在数据脱敏过程中需要剔除的标识符(包括病历号、地址、电话号码等)。通过 HIPAA 规定的安全港方法去标识化处理后的数据,可以进行合法的数据共享。欧洲的《数据保护条例》(general data protection regulation,GDPR)对于个人健康相关数据的共享进行了严格的规范。我国的《中华人民共和国精神卫生法》对可以用于个人身份识别的临床数据(比如姓名、肖像、住址、工作单位、病历资料等)进行了立法保护;同时,2019 年发布的《信息安全技术个人信息去标识化指南》规定了个人信息去标识化的过程和管理措施。各种法律法规和行业标准的建立在法律层面确保了医疗临床数据的安全分享,从而降低了临床数据身份识别的风险。

7.5　生物医学数据与身份识别的发展前景

生物医学数据与身份识别在很多领域有着广阔的发展前景,其应用范围覆盖医疗、金融、政务、安防等多个领域。不论是生物医学数据的多样性、生物特征采集传感器的进步,还是智能识别技术的提高,都为更为精准地进行生物识别提供了有利条件。充分利用多模态的生物特征、大数据和人工智能技术可以构建更精准的生物识别特征和模型,服务理论创新、技术突破和产业应用,满足不同领域对高精度高安全性身份识

别技术的需求。但是同时,生物医学数据与身份识别过程中涉及的数据隐私、伦理、安全、精度等问题也是实际应用过程中需要面临的挑战。因此,生物医学数据与身份识别技术依然处在一个不断变革和创新的过程中。随着新的生物医学数据采集能力的提升、认知算法能力的提高、隐私安全保护能力的提高、法律规范保护的健全,生物医学数据与身份识别技术将发挥其更大的作用。

(窦佐超　王海宁　王爽)

参考文献

［1］JONSSON H, MAGNUSDOTTIR E, EGGERTSSON H P, et al. Differences between germline genomes of monozygotic twins［J］. Nature Genetics, 2021, 53（1）: 27 – 34.

［2］SHIMIZU K, NUIDA K, RäTSCH G. Efficient privacy – preserving string search and an application in genomics［J］. Bioinformatics, 2016, 32(11): 1652 – 1661.

［3］BLATT M, GUSEV A, POLYAKOV Y, et al. Secure large – scale genome – wide association studies using homomorphic encryption［J］. Proceedings of the National Academy of Sciences USA, 2020, 117(21): 11608 – 11613.

［4］LAMBIN P, LEIJENAAR R T H, DEIST T M, et al. Radiomics: the bridge between medical imaging and personalized medicine［J］. Nature Reviews Clinical Oncology, 2017, 14(12): 749 – 762.

［5］王慧颖. 数据隐私保护技术在肺影像数据集平台的应用研究［D］. 上海:上海第二工业大学, 2021.

第 8 章
生物入侵与生态系统安全分析信息学

生态信息学属于将信息科学与生态学相结合的生态和环境科学领域。随着大数据、高性能计算机和仿生计算等技术的发展，生态信息学逐渐转变为更加开放和协作的计算机科学，便于发现更多、更深入的生态系统知识。

在生态学中，获取、整合和分析大量跨学科和跨时空尺度的数据至关重要，但在这个过程中会遇到各种各样的困难和挑战。例如，大多数生态学分析数据只能在实地小范围测量，因此可能不适用于大范围研究。此外，绝大多数研究缺乏统一的采集标准、专业的采集步骤和准确的数据生成过程，这种多样性和差异为大规模数据分析带来了严重挑战。生态信息学的发展可以通过提供统一的数据管理和分析方法解决这些挑战从而推动生态学的进展。通过生态信息学的应用，我们能够更好地理解生态系统的复杂性，并采取更有效的环境保护和管理策略。

8.1 生态系统分析

8.1.1 数据生命周期管理八个步骤

数据生命周期管理(data life cycle management, DLM)八个步骤涵盖了从数据的创

建到数据的初始存储,再到数据被删除的过程,即某个数据集从产生或获取到销毁的全过程(图8.1)。数据收集项目通常包括计划、收集、确定、描述和保存五个步骤。而荟萃分析则可以从发现相关数据开始(步骤6),然后进行数据整合(步骤7),最后进行分析(步骤8)[1-2]。

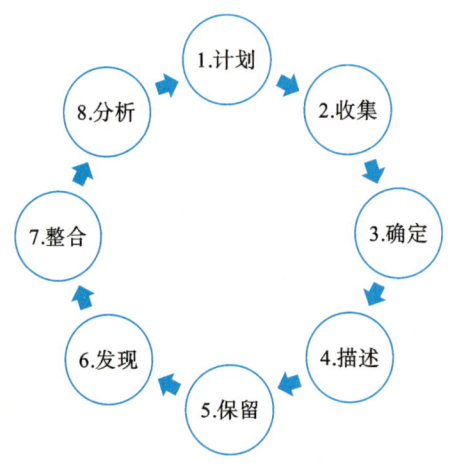

图8.1　数据生命周期管理八个步骤

步骤1:计划

在项目设计中,数据管理计划通常被忽视和低估,但在收集数据之前准备好数据管理计划可以确保数据格式正确。从长远来看可以节省时间,提高研究效率。

目前有许多研究机构推出了相关数据管理工具,DMPonline是一款免费的在线工具,它旨在帮助研究人员制订和实施高质量的数据管理计划,以确保研究数据的有效管理和可持续性。DMPonline提供了一个结构化的模板,还提供了相关指导和最佳实践,帮助用户理解数据管理计划的重要性,并提供了与数据管理相关的政策和法规的信息。通过使用DMPonline,研究人员可以更好地规划和组织他们的数据管理活动,确保数据的可发现性、可访问性和可重复性。

步骤2:收集

生态数据的收集方式多种多样,根据研究项目的目的不同而可能会有所改变。数据收集可以由实验室内的观测仪器、野外采集仪器等设备采集,也可以由实验人员在野外使用工具进行人工采集,还可以与相关部门合作从数据库中提取数据。例如,与当地水务部门合作,收集过去一年内的居民用水量和每日检测数据来研究水库;利用人口普查和疾病登记等数据来研究大规模人类群体。

此外,空中平台和传感器网络等新型环境观测系统也可以用于监测环境数据。基于物联网技术的"智慧环保"平台旨在提高环境保护和资源管理的效率和效果。该平台利用物联网传感器、数据采集和云计算等技术,实现对环境监测数据的实时收集、分析和管理。通过智慧环保平台,可以监测和管理各种环境指标,如空气质量、水质、噪音水平、土壤污染等。传感器网络可以在不同的地点收集环境数据,并将其传输到云服务器进行分析和处理。基于这些数据,决策者和环境管理部门可以更及时地获取环境信息,采取相应的措施来改善环境质量。物联网技术的应用使智慧环保平台能够实现环境数据的实时监测、精确评估和有效管理,为环境保护工作提供科学依据和决策支持。它促进了环境管理的数字化转型,提高了环境治理的效率和可持续性。

步骤 3:确定

质量保证和质量控制(quality assurance and quality control, QA / QC)是一种专门用于防止数据集输入错误的机制,以确保数据的准确性。目前收集的数据可能存在多种常见错误,如数据输入不正确或不准确、数据遗漏和仪器故障等。此外,条件原因、人为错误或现场数据收集中的异常情况也可能导致数据集不完整。

整个过程可以分为三个阶段:第一阶段是初步数据探索,即对原始数据集进行处理;第二阶段是数据集的质量控制,包括检测和标记重复数据、异常值和极端数据;第三阶段是对缺失值的处理,当遇到异常值或缺失值时,可以选择直接删除这些数据,或者使用相关数据进行替代,例如使用平均值、中位数或随机数等[3]。

步骤 4:描述

原始数据需要提供足够的文档对之进行描述,以便数据采集者、分析团队以及其他相关人员了解数据、高效地处理分析数据。描述内容通常包括:收集时间、收集人员、收集设备、收集条件、存储位置、研究背景等。数据的准确描述对庞大的荟萃分析十分有利。

步骤 5:保留

数据保留是指将数据存储在数据库中,仅进行存储而不进行下一步操作。数据存储可以交由数据中心负责,数据中心在数据复制和管理方面会提供不同级别的支持。数据中心可以与政府组织、环境观测网络、学校以及企业建立关联来提供特定的帮助和服务。

步骤6：发现

数据发现通常是在数据生命周期的后期阶段进行的，即在综合工作或荟萃分析的阶段。在这个阶段，研究人员可能已经明确了他们的研究问题或分析目标，并确定了需要的数据类型和特征。在数据发现的过程中，研究人员可能会采取以下步骤：明确研究问题或分析目标，并了解所需的数据类型、时间范围、地理范围等要求；使用各种资源和渠道，如数据库和科学出版物等来搜索相关的数据资源；对找到的数据资源进行初步评估，包括数据的准确性、可靠性、完整性；根据需求和评估结果，筛选出符合要求的数据集，选择最合适的数据资源进行后续的数据整合和分析。

步骤7：整合

在大规模生态学研究中，人口研究、水文学、气象学等学科的数据可以提供重要的信息。但整合不同学科的数据需要跨学科合作和数据整合技术。数据整合通常需要大量的人力和时间投入，但半自动化的数据编码手段为大规模综合生态学研究提供了解决方案，它们减少了数据整合过程中的人工工作量，促进了数据的整合和分析，为跨学科合作提供了便利。

步骤8：分析

生态系统具有高度的可变性和复杂性，因此需要各种形式的统计和地理空间分析与建模。生态学家使用各种各样的编程和统计工具，以及多种分析模型来得出重要的生态学结论。Kepler是一个科学工作流系统，旨在帮助科学家、分析师和计算机程序员创建、执行和共享模型和分析。Kepler提供了一个可视化的界面和工作流编排工具，使用户能够以图形化的方式设计和组织复杂的科学工作流程。Kepler的一个重要特点是可以集成不同的软件组件。例如，Kepler可以整合"R"脚本与"C"代码等不同程序语言的软件。这使得用户能够灵活地组合和利用不同软件工具的功能，以满足特定的科学分析需求。Kepler的目标是促进科学工作流程的可重复性、可扩展性和共享性。通过可视化工作流设计、模型和分析的整合，以及工作流共享和再利用，Kepler提供了一个强大的环境，支持科学研究和工程实践中的复杂数据处理和分析。

8.1.2　生态信息研究平台

生态系统是人类生存依赖的重要基础，研究生态系统、开发生态监测平台可以更好地治理生态系统。随着卫星环境观测系统和环境传感网络的不断发展,生态学正迎来一个新时代。这些进展将产生大量的环境数据,为生态学研究提供了更全面、精细和实时的信息。这种数据密集型科学的崛起,使得科学家需要强大的信息学平台(informatics platform)来支持他们的工作。信息学平台在生态学中起着关键作用,可以帮助科学家有效地管理、分析和解释大规模的环境数据。

生态系统研究平台包含以下几个部分。

(1)长期社会生态研究(long-term socio-ecological research, LTSER)平台:由科学家和技术人员组成,致力于长期监测和研究生态系统。它们由美国生态学基金会支持,分布在全球各地的陆地和海洋环境中[4]。

(2)生态系统模拟平台:这些计算机程序利用数学模型和数据来模拟生态系统的行为,用于研究生态系统的运行机制和预测其对不同因素的响应。

(3)生态系统数据存储库:这些存储库收集和存储关于生态系统的数据和元数据。它们汇集来自各种传感器和监测系统的数据,供科学家进行分析和研究。

(4)生态系统监测站:这些站点是用于监测生态系统的物理、化学和生物学变量的设施。它们通常包括气象站、水文站、土壤监测站、生物样本采集站等,提供有关生态系统的详细信息和数据。

(5)生态系统实验室:实验室中包含实验室设备、生物安全设备和生物样本存储设备,用于研究生态系统中的生物、化学和物理过程。

(6)生态系统决策支持系统:帮助管理者和政策制定者基于科学证据做出决策,实现生态系统的可持续管理和保护这些生态系统。

研究平台和工具的综合应用有助于我们更好地理解和管理复杂的生态系统,以实现可持续的环境管理和保护。LTSER 平台是一种典型的生态系统研究平台,选址良好地代表了生物地理区域。该平台可以提供生态系统实验室的学习培训,整合来自不同学科的研究人员的数据以及促进跨学科研究。

综合信息学平台在生态系统研究和环境科学领域起着重要的作用。这些平台采用标准的信息学协议和良好的数据管理规范,旨在提高研究人员的信息学素养,促进数据共享,增强科学的透明度和可重复性。它们帮助科学家更好地理解生态和环境的性质和变化。

8.1.3 生态信息学的挑战

在生态信息学的发展和应用过程中，仍然存在一些技术上的挑战。

首先是数据分析方面的挑战，生态学研究具有广泛的数据来源，例如传感器、卫星、野外调查等。这些不同来源的数据可能具有不同的格式和质量，从而导致数据不兼容和分析错误。随着技术的进步和数据收集的增加，生态学数据集的规模和复杂性呈指数级增长。有效地处理和分析这些大规模和高维度的数据以及如何将这些数据集成在一起以生成综合的生态学模型也是一个挑战。虽然生态学数据通常具有重要的科学价值和政策意义，但同时也可能包含个人隐私信息。如何在数据共享的过程中保护个人隐私也是一个重要挑战。

此外，生态学研究中的模型常基于不同的统计学方法，模型结果具有一定的不确定性。而且生态学研究涉及复杂的生态系统，如何建立适当的理论框架来解释生态系统的结构和功能也是一个挑战。但同时这些挑战也为研究者提供了许多研究机会，例如开发数据质量控制和集成方法、探索隐私保护技术、改进模型不确定性评估方法、构建更全面的生态学理论框架等。

其次在数据存储方面，将数据记录在纸上可能可以保留很长时间，但纸质数据容易损坏，难以复制，需要大量的存储空间。同时电子数据存储也存在一些问题：大多数存储媒体的寿命是有限的，数据磁存储的硬盘驱动器和磁带随着时间的推移会褪色，光存储介质具有较长的寿命，但是技术的快速变化导致几年后无法找到相应的读卡器。而且不同的电子格式也可能会给使用软件带来问题。通过项目数据管理，我们可以克服一些电子数据存储方面的问题。例如，存储通用格式的数据，长期保持对数字数据的访问，并定期进行复制和转移，以确保数据的可靠性和长期保存。因此，在数据存储方面，数字数据具有更好的可靠性，可以通过适当的数据管理方法来克服存储的限制，并确保数据的安全性和可访问性。其数据共享方面也存在诸多限制。很少有研究人员愿意共享数据而且传输大数据时会浪费大量的时间。一种可能的解决方案是将数据存储和计算功能结合在一起，以减少数据传输的需求。对于大规模数据集的更新，可以采用增量传输或差分传输的方法。对于大规模和复杂的数据关系，需要新的方法和技术来减少相关的时间和成本。确保在数据分析过程中使用统一的算法和工作流程可以提高效率和一致性。

数据集成和生态信息学等领域的发展需要多方面的支持和措施。将生态信息学纳入本科和研究生课程以及专业机构的培训中，可以提高学生和研究人员对生态信息学和数据集成的认识和技能。数据管理计划是确保数据集成和数据共享的重要步骤，它可以帮助研究人员规划数据的收集、存储、共享和管理方式，并确保数据的长期可访问性和可持续性。资助机构可以要求项目申请者提交数据管理计划，并在项目执行过程中进行监督和支持。促进跨学科合作和合作项目，可以整合各个领域的专业知识和资源，推动数据集成和生态信息学的发展。

8.2　生态信息学

8.2.1　害虫防治

农业生态信息学是利用应用生态学、信息学、统计学等学科的理论和方法，以研究和解决农业生态问题为主要目标的交叉学科。害虫综合治理研究可以靠实验提供关于关键变量之间因果关系的明确推论。

农业生态信息学可以利用传感技术和遥感技术，对农田作物和害虫的生长和分布进行实时监测，并通过模型预测害虫的发生和流行趋势。农业生态信息学研究可以评估生态系统对害虫的影响和害虫对生态系统的影响，从而利用生态工程、生物防治等手段调控生态环境，降低害虫的发生和危害程度。农业生态信息学还可以利用数据挖掘、机器学习等技术，分析和预测害虫防治（pest control）效果，评估不同防治措施的成本效益和可行性，辅助决策者做出科学合理的害虫防治决策。农业生态信息学还可以通过研究害虫与环境的交互关系，发现害虫防治的新方法和新技术。例如可以利用基因组学和生物技术，研发新型的生物防治剂和抗虫作物品种，为害虫防治提供新的解决方案。

研究获取数据的来源包括田间监测数据、实验室数据、农业生产数据和模拟数据等。英国洛桑试验站在 1964 年建立了吸虫塔，并随后在欧洲各国陆续安装和运行。

各国科学家合作建立了覆盖西欧和东欧地区的吸虫塔网络系统,用于观测气候因素对昆虫种群数量波动的影响,提前预警蚜虫的迁飞动态,并研究其他小型迁飞性昆虫的种群动态。互联网上的数据收集网站也可以收集数据,例如业余博物学家在网站上上传有关植物和动物的图像或观察结果。此外还可以从其他研究论文中获取原始数据,各个学术期刊都在呼吁数据共享,以便其他研究人员能够重复使用这些数据。

生态信息学方法在量化转基因作物对农业系统的影响方面发挥了重要作用[5]。转基因作物对病虫害的影响是转基因作物研究中的一个重要方面。长期以来,广泛的空间数据集分析表明,大规模采用转基因作物对害虫种群产生了显著的区域抑制效应。此外,还可以用于研究周围环境如何影响害虫定植和评估传统农药的功效。通过生态信息学研究,可以更好地了解周围环境对害虫定植的影响,以及传统农药的效果和剂量。这有助于制订更有效的农业管理策略,减少对环境的影响,提高农业生产的可持续性,为制订农业管理策略和决策提供了科学依据。

农业有益昆虫的研究也是长期监测的重要主题。研究人员利用历史博物馆藏品中的蜜蜂记录,证明了特定昆虫群体的衰退。Bahlai 及其同事使用了长达 24 年的甲虫瓢虫数据集,评估不断变化的农业模式对物种变化的影响。这些研究利用了他人收集的长期存档数据,以了解物种丰富度和分布情况。Gaines–Day 和 Gratton 利用种植者 11 年期农作物产量的调查数据,研究了蜜蜂饲养密度与农场水平蔓越莓产量之间的关系。联合国粮食及农业组织和其他政府机构的数据被用于评估蜜蜂群体的种群动态,以量化全球粮食生产对传粉媒介的依赖程度。通过对这些数据的分析,研究人员能够更好地理解有益昆虫在农业系统中的作用,并为保护和促进农业生态系统的可持续性提供科学依据。

8.2.2　生态信息学广泛应用

健康的耕作系统对于提高农业生产力和实现可持续的粮食生产至关重要。研究人员使用基于矩阵的层次分析法(analytic hierarchy process,AHP)和信息学方法,评估了生态可行且经济合理的农业系统[6]。研究首先确定种植面积,然后使用土壤侵蚀相关因素作为标准指标,并根据权重进行加权线性组合,得出生态可行性指数。该研究表明,AHP方法能够有效捕捉农业系统中的复杂影响,并分析生态可行性和经济合理性,以应对未来可持续农业系统管理的挑战。这种方法在低收入国家的热带和亚热带地区尤其适用。

在生态系统研究中,网络科学已经被应用于描述和理解相互作用物种组合中的相互作用模式,并表征生态群落的基本结构[7]。网络科学不仅能够探索作物和非作物系统中生物多样性之间的直接和间接相互作用,还可以将当地、区域和全球范围内农民、消费者、监管机构和土地管理者的人类决策信息纳入其中。有科研团队描述了一种自动构建农业食品网的方法。他们将机器学习方法应用于之前收集的捕食者和猎物密度数据集,并使用公开文献的自动文本挖掘来验证拟议的营养联系,最终建立了一个具有72个节点和407个链接的营养网。他们的食物网通过甲虫胃内容物的DNA分析证实了涉及甲虫和蜘蛛之间的捕食联系。因此,网络科学在农业生态系统研究中发挥着重要作用,有助于揭示生物多样性之间的相互作用模式,并结合人类决策信息,便于制订更科学和可持续的农业管理策略。

应用于昆虫学研究的生态信息学和大数据方法随着时间的推移不断改进。要实现昆虫学研究中的数据革命,我们需要倡导数据共享,了解观察性研究的局限性,并与计算机科学、统计学和工程学等其他领域的专业人员合作,以找到最佳的管理方法。

8.2.3　农业生态信息学未来展望

随着各种传感器和监测设备的广泛应用,农业生态系统产生的数据量呈爆炸式增长。农业生态信息学将利用先进的大数据技术,对这些数据进行存储、管理、分析和挖掘,以帮助农民制订更科学和有效的农业管理策略。我们可以运用机器学习算法对农业生态系统中的病虫害、作物生长状态和土壤质量等进行自动化监测和预测,以帮助农民及时采取相应的防治措施或调整种植方案。也可与工程师和计算机科学家合作,创造新颖的方法来自动检测和识别农业中的节肢动物及其活动。还可以与昆虫学专家合作,创建数据收集协议和平台,使研究人员开发的数据集标准化并整理成可交换的形式。所有这些措施都有助于更好地管理和保护农业生态系统,提高农业生产效率和可持续性,实现农业可持续发展的目标。

8.3 海洋生态信息学

8.3.1 海洋生态系统

海洋生态系统信息学是一个融合了海洋学、信息学、计算机科学和统计学等多个学科的交叉领域,旨在通过大数据分析、计算机模拟、人工智能等手段,揭示和理解海洋生态系统中的各种生态过程和生态相互作用,并为海洋环境管理和保护提供科学依据。

海洋生态系统建模是海洋生态系统信息学的核心内容。运用数学模型和计算机模拟,可以预测和模拟海洋生态系统中的各种生态过程和相互作用,例如海洋生物群落的结构和功能、海洋营养循环和生物地球化学循环等。随着大数据、人工智能和云计算等技术的不断发展,海洋生态系统建模将变得更加精细和复杂,能够更准确地模拟海洋生态系统的运行和预测海洋生态系统的运行规律。

海洋生物多样性是海洋生态系统的重要组成部分。海洋生态系统信息学可以利用 DNA 条形码技术、生物信息学分析等方法对海洋生物多样性进行高通量分析和评估,揭示海洋生物多样性的分布、演化和生态功能等信息。随着高通量测序技术的不断发展和应用,海洋生物多样性研究将进一步深入和扩展。

海洋资源管理和利用是海洋生态系统信息学的另一个重要领域。运用大数据分析和人工智能技术,可以智能化管理和利用海洋资源,如渔业资源管理、海洋能源开发和海洋药物研发等。随着人工智能技术的发展和成熟,海洋资源管理和利用将更加智能化和可持续化。

海洋环境保护是海洋生态系统信息学的重要应用领域。海洋污染包括化学、光、噪音和塑料等污染。海洋生态系统信息学可以通过大数据分析和计算模拟,监测和预警海洋环境,并利用人工智能技术和决策支持系统制定有效的海洋环境保护措施,如海洋污染控制、海岸带保护和海洋保护区建设等。随着人们对海洋环境保护的重视程度不断提高,海洋生态系统信息学在海洋环境保护方面的应用将会越来越广泛和深入。

海洋污染的来源包括直接排入的污水、工业废水、农业径流以及船舶运输等。这些污染物可能包括有害化学物质、营养盐过剩、油污和塑料垃圾等。波罗的海是一个相对年轻且生态脆弱的水体,很容易受到污染威胁。为了保护波罗的海的生态系统,许多国家和国际组织采取了一系列措施:制定并执行相关的环境法律和法规,以限制污染物的排放和使用;各国通过国际合作机制,如海洋保护公约和区域合作组织,共同解决波罗的海的环境问题;建立监测网络,定期监测波罗的海水域的水质和生物多样性;评估监测结果,确定污染热点和问题区域,并制定相应的控制措施;改善城市和工业废水处理设施,确保废水经过适当的处理后排入海洋;采取农业管理措施,减少农业活动对波罗的海的影响;加强公众和相关利益相关者的环境教育和意识提高活动,促进对波罗的海保护的重视和参与。这些措施的目标是保护波罗的海的生态系统健康,维护海洋生物多样性,减少污染物的输入,促进海洋资源的可持续利用。

全球海洋观测系统(global ocean observing system,GOOS)是一个由联合国教科文组织、世界气象组织、国际海洋学联合会和国际海事组织等机构共同发起的全球性海洋观测网络[8]。GOOS旨在通过建立和完善全球海洋观测系统,实现对全球海洋环境的实时监测和预警,为海洋科学研究、海洋管理和海洋经济发展等提供支持。GOOS的核心是建立和完善全球海洋观测系统,涵盖海洋表层、海底、沿海等多个方面,通过海洋观测平台、传感器和数据中心等进行数据收集和共享。GOOS将继续发挥作用,推动全球海洋观测系统的完善和发展,提供更精确和全面的海洋数据和信息支持,为海洋科学研究、海洋管理和海洋经济发展等领域提供科学依据和数据支持,同时为全球气候研究和应对气候变化等问题提供必要的数据支持。

国际计划全球海洋通量联合研究(joint global ocean flux study,JGOFS)[9]是国际上首个旨在研究全球海洋生物地球化学循环的综合性计划。该计划于1987年开始启动,由联合国教科文组织、国际海洋学联合会、世界气象组织、国际海事组织等机构共同发起。JGOFS旨在通过海洋观测、实验和模拟等手段,深入了解全球海洋生物地球化学循环的机制和过程,为全球气候变化、海洋环境保护和海洋资源管理等提供科学依据和数据支持。

8.3.2 大气与海洋之间的相互作用

自工业时代以来,人类每人每天向海洋添加约4kg二氧化碳。这导致海洋的pH

值降低,碳酸根离子的浓度降低,影响了海洋生物的生产和维持骨骼和贝壳的能力[10]。二氧化碳还会加速气候变暖,过去一个世纪中观测到的海洋热浪频率和持续时间都在增加。沿海地区还出现了富营养化、淡水输送增强和氮硫沉积。而海洋变暖和酸化的生态影响在几个世纪的时间尺度上基本上是不可逆转的。

海洋二氧化碳监测系统是用于监测海洋中二氧化碳浓度的系统,旨在监测和研究全球气候变化和海洋酸化等问题。海洋观测站是重要设施,用于监测海洋中二氧化碳浓度。观测站建立在海洋岛屿、海上浮动平台和船只上,可监测海洋表面和深层的二氧化碳浓度,并提供其他与海洋酸化有关的数据,如水温、盐度和氧含量。传感器可安装在浮标、船只和海洋观测站等地方,实时监测海洋中的二氧化碳浓度,并将数据传输到数据处理和分析系统。数据处理和分析系统对海洋观测站和海洋传感器收集的数据进行处理和分析,提供数据质量控制、存储和管理、分析和建模等支持。这些系统可利用数据挖掘和机器学习等技术,提高数据的精度和效率,为环境评估和管理提供更准确可靠的数据支持。预警和应急响应系统可根据海洋中二氧化碳浓度变化,预测和评估海洋酸化的发生和影响范围,及时发出预警信号,并提供应急响应措施。这些系统可通过数据分析和预测模型,提高预警和应急响应的效率和精度,减轻海洋酸化对生态环境和渔业资源的影响。海洋二氧化碳监测系统需要进行国际合作和信息共享,以加强全球范围内对海洋酸化等环境问题的监测和管理。这些系统可建立开放、透明和安全的信息共享平台,促进国家之间的信息交流和合作,从而共同应对全球环境问题。

8.3.3　保护海洋生态系统

海洋生态系统由三个相互关联的过程构成。首先是物理化学系统,它创建了一组基本的生态位,如水柱和基质。然后,生物根据环境耐受性定植,形成环境 – 生物学关系。其次是生物之间的相互作用,如捕食者和猎物之间的相互作用、竞争、捕食和互惠互利等,形成生物学 – 生物学关系。最后,这些过程形成了生态系统,通过反馈回路完成循环,形成生物 – 环境关系。然而,人类的干预对这三个系统造成了干扰。

为了保护海洋生态系统,建立海洋保护区已成为重要的管理策略[11]。海洋保护区是为保护海洋生态系统而设立的特定区域,该区域将采取一系列管理措施,以保护它的生态环境和生物多样性。海洋保护区的设立可以减少过度捕捞、污染和破坏海洋生态系统的行为。研究人员使用了巴西专属经济区内的海洋生物数据集（包括栖息地、物种信息和空间数据），使用了线性规划等方法确定了优先保护区域，以实现保护海洋生物的目标。

限制渔业资源的开采也是保护海洋生态系统的重要手段。相关政策和法规规定了渔业资源的开采量和季节限制，以保护渔业资源，维持生态系统。此外，可以通过技术创新和科学研究，探索新的渔业技术和管理模式，以降低对渔业资源和生态系统的影响。

我们可以建立海洋环境保护法规和标准，强化海洋环境监测和控制，加强海洋垃圾和污染物的管理和处理，从而减少海洋污染对生态系统和生物多样性的影响。此外，加强科学研究和技术创新也是保护海洋生态系统的重要手段。相关研究可以探究海洋生物多样性和生态系统的特点和规律，提高海洋环境监测和评估的精度和效率，探索新的技术和方法，以降低对海洋生态系统的影响。

8.3.4 海洋石油和天然气开采

海洋石油和天然气开采涉及勘探、开发、生产和运输等多个阶段[12]。勘探阶段会使用声波、磁力和重力等技术确认海洋区域内石油和天然气资源的位置和规模。如果勘探发现可观的存储量，就会进入开发阶段。开发阶段会在海洋中建造生产平台或钻井平台，并从井口提取石油和天然气。这些活动可能对海洋环境产生噪音、振动和废水排放等影响。生产阶段是将石油和天然气从井口提取和处理，并输送到陆地或海上设施。在此阶段需要监控生产过程，确保满足安全和环保要求。运输阶段是将石油和天然气从生产地点运输到加工厂。在海洋中运输石油和天然气存在风险，例如油轮事故可能导致石油污染和生态破坏。在海洋石油和天然气开采过程中，需要采取一系列措施来减少对环境的影响。

遥感技术通过卫星、飞机或直升机获取高分辨率图像，以检测海洋和陆地上的石油泄漏。这些图像可以确定泄漏的位置和范围，并评估泄漏对环境和生态系统的影响。水下声学技术通过监测水下声波的传播和反射情况，检测泄漏点的位置和大小。水下声学技术在深海环境下监测泄漏点时具有高准确性和灵敏度。水下机器人搭载

多种传感器和摄像头,可在深海环境下进行实时控制和操作从而监测海洋中的石油泄漏。气体传感器可检测空气中的石油气味,确定泄漏点的位置和大小。它可以在陆地和海洋中监测,具有高灵敏度和实时性。电子鼻利用不同化学传感器对挥发性有机化合物(volatile organic compound,VOC)进行检测,构建气味"指纹"。化学分析可通过对水样、土壤样等样品进行检测,确定石油泄漏的存在和范围,并对石油成分进行定量和定性分析,评估其对环境和生态系统的影响。

为了更好地监测石油泄漏,还需要建立完善的泄漏监测体系,包括监测设备、监测网络和数据管理等方面的建设。我们需要加强对泄漏监测技术的研发和创新,提高监测能力和精度,以及适应不同的监测环境和条件;建立健全的数据管理和应急响应机制,及时响应和处理泄漏事件,减少对环境和生态系统的影响;加强对石油泄漏监测和管理的监管,制定完善的法律法规,加强对泄漏事件的惩罚和追责。

科研团队开发的一个海洋监测信息系统(ARGO – MIS,是 ARGOMARINE 与 MIS 的组合。ARGOMARINE:automatic oil – spill recognition and geopositioning integrated in a marine monitoring network;MIS:marine information system),它基于 ARGO 浮标网络和全球海洋观测系统(GOOS)的数据。ARGO 浮标网络由一系列分布在全球海域中的自动化浮标组成,每个浮标都配备有传感器,可以测量海洋的温度、盐度和压力等参数。这些浮标会定期浮出水面,将收集到的数据通过卫星传输回地面的数据中心。ARGO – MIS 系统将收集到的数据整合和存储,并进行质量控制和处理。它可以提供各种海洋参数的时空分布图,如海洋温度、盐度、海面高度和海洋流速等。此外,ARGO – MIS 还可以与其他海洋观测设备收集的数据进行整合和比较,例如卫星遥感数据和海洋模式预测数据。通过使用 ARGO – MIS 系统,科学家和研究人员可以更好地理解全球海洋的动态变化和过程。这些数据对于研究气候变化、海洋循环、海洋生态系统以及对海洋资源的管理和保护都非常重要。此外,ARGO – MIS 的数据还可以用于验证和改进海洋模型,提高对未来海洋环境的预测能力[13]。

通过环境观测系统和生态信息学分析,我们可以更好地理解生态系统的复杂性和环境变化对它们的影响,有助于我们制订更有效的环境保护和管理策略,为可持续发展提供重要的科学依据。

（李帅成　孙婉莹　先红）

参考文献

[1] CHAU CHIN L. Ecoinformatics：a review of approach and applications in ecological research[J]. Proceedings of the National Institute of Ecology of the Republic of Korea, 2020,1：9 – 21.

[2] MICHENER W- K, JONES M B. Ecoinformatics：supporting ecology as a data-intensive science[J]. Trends in Ecology & Evolution, 2012,27：85 – 93.

[3] FAYBISHENKO B, VERSTEEG R, PASTORELLO G, et al. Challenging problems of quality assurance and quality control (QA/QC) of meteorological time series data[J]. Stochastic Environmental Research and Risk Assessment, 2022,36：1049 – 1062.

[4] ANGELSTAM P, MANTON M, ELBAKIDZE M, et al. LTSER platforms as a place – based transdisciplinary research infrastructure：learning landscape approach through evaluation[J]. Landscape Ecology, 2019,34：1461 – 1484.

[5] ROSENHEIM J A, GRATTON C. Ecoinformatics (big data) for agricultural entomology：pitfalls, progress, and promise [J]. Annual Review of Entomology, 2017,62：399 – 417.

[6] SENANAYAKE S, PRADHAN B, HUETE A, et al. Proposing an ecologically viable and economically sound farming system using a matrix – based geo – informatics approach[J]. Science of The Total Environment, 2021,794：148788.

[7] WINDSOR F M, ARMENTERAS D, ASSIS A P A, et al. Network science：applications for sustainable agroecosystems and food security [J]. Perspectives in Ecology and Conservation, 2022,20：79 – 90.

[8] BENSON A, BROOKS C M, CANONICO G, et al. Integrated observations and informatics improve understanding of changing marine ecosystems[J]. Frontiers in Marine Science, 2018,5：428.

[9] FASHAM MICHAEL J R. JGOFS：a retrospective view [M]//FASHAM M J R. Ocean biogeochemistry：the role of the ocean carbon cycle in global change. Berlin, Heidelberg：Springer Berlin Heidelberg,2003：269 – 277.

[10] TANHUA T, ORR J C, LORENZONI L, et al. Monitoring ocean carbon and ocean

acidification[J]. WMO Bull, 2015,64(1).

[11] MAGRIS R A, COSTA M D P, FERREIRA C E L, et al. A blueprint for securing Brazil's marine biodiversity and supporting the achievement of global conservation goals[J]. Diversity and Distributions, 2021,27:198 –215.

[12] LIU L, RYU B, SUN Z, et al. Monitoring and research on environmental impacts related to marine natural gas hydrates: review and future perspective[J]. Journal of Natural Gas Science and Engineering, 2019,65:82 –107.

[13] PIERI G, COCCO M, SALVETTI O. A marine information system for environmental monitoring: ARGO – MIS[J]. Journal of Marine Science and Engineering, 2018,6: 15.

第9章
生物安全与智能社会

在 1736 年,著名数学家莱昂哈德·欧拉(Leonhard Euler)创立了一门被称为"图论"的全新数学分支,研究的主要对象是网络中的节点和连接线。如今,在我们当代社会,网络分析已经成为数学、统计学和计算机科学跨学科领域的研究内容,广泛应用于各个方面,解决各种不同的问题,它还可以用于对网络恐怖主义事件进行研究。随着网络技术和应用的迅速发展,网络恐怖主义也在不断地演进,不同的历史时期有着各自独特的形态。

与传统恐怖犯罪相比,网络恐怖主义在活动能力、破坏性和防范难度上都有显著提升。信息网络技术改变了恐怖分子之间沟通与联络的方式,同时也削弱了恐怖组织内部原有的严密等级与权力结构。

当前阶段,网络恐怖主义表现出"去等级化"与"多中心化"并存的复杂结构特点:一方面,高层成员提供战略性指导,基层成员对上级的指令依赖度降低,行动更加自主;另一方面,"无尺度网络"的现象使得占有优势信息的成员进一步增强影响力,成为网络中事实上的新型"中心节点"。因此,在这样的背景下,社会网络理论在恐怖犯罪侦查领域展现出巨大的潜力。事实上,从已有的研究成果来看,社会网络理论在侦查领域的应用价值已为实践和理论所证实;从现实情况考虑,恐怖组织行动痕迹增多、内部等级减弱、成员结构多中心化等变化也使得跨学科理论的运用变得尤为重要。社

会网络理论有效地联系了个体特征与整体性质、静态关系与动态行为,为我们洞察网络恐怖犯罪提供了独特的视角。

利用社会网络理论来分析网络恐怖主义需要经历以下三个步骤:首先,通过搜索、订阅、标记等多种手段收集潜在恐怖分子相关信息,挑选出可疑度高和挖掘价值高的成员作为初始节点。接下来,在线上、线下途径综合施展侦查手段,拓展恐怖关系网络。最后,利用 Ucinet、Pajek 等专业软件建立分析模型。对一个恐怖网络进行评估时,可以从微观、中观和宏观角度分别入手,剖析其个体中心性、派别分布及整体等级层次。

生物安全意味着国家能够有效地防范和应对危险生物因子及相关因素的威胁,同时使生物技术能够健康稳定发展,确保人民的生命健康和生态系统处于相对无危险和不受威胁的状态,从而具备在生物领域维护国家安全和持续发展的能力。生物安全是国家安全的重要组成部分,也是影响乃至重塑世界格局的重要力量。网络恐怖主义是一种利用信息网络技术进行的恐怖活动,它不仅威胁到国家的信息安全,也可能危害到国家的生物安全。例如,网络恐怖分子可以利用网络渗透、破坏、窃取等手段,获取生物技术的研究数据、生物资源的信息、生物安全的监测预警系统等,从而对生物技术的发展和应用造成干扰、破坏或者滥用,导致生物安全风险的增加和生物安全事件的发生。因此,分析网络恐怖主义的特点和规律,探索有效的侦查和防范手段,对于维护国家的生物安全具有重要的意义。

9.1　社交网络分析

社交网络是由参与者及其之间的社会联系构成的。这种联系反映出社会行动者之间的依赖性,对于个体心理健康和社会发展都至关重要。社交网络分析通过利用网络和图论来研究社会结构。研究人员一直从各种角度审视社交网络。图论常被数学家运用于检查网络结构,计算机科学家和统计学家则开发了不同的建模框架和算法以检测和理解网络社区。以社交网络为因变量的概率和统计模型建立于理解参与者在网络中的相互依赖性基础之上,具有代表性的模型包括但不限于块模型、指数随机图模型以及潜在空间模型。社交网络的密度是指实际连接占所有可能连接的比率。

社会网络分析法(social network analysis,SNA)是反恐领域中应对恐怖活动的一种有效工具。它在处理网络环境下的恐怖活动时尤其有用。SNA 利用中心度度量方法（如度中心度、接近中心度和中介中心度）对恐怖活动网络的成员进行排序，以识别网络恐怖分子的头目和核心成员。德国学者 V. Krebs 曾构建了"9·11"恐怖袭击分子的关系网络，并通过中心度度量分析了袭击事件的核心成员，他还提出了如何破坏其关系网络的建议[1]。这个网络包含 19 个个体，测得的特征路径长度为 $L_{terrorists} = 4.75$，聚类系数为 $\gamma_{terrorists} = 0.49$。该网络的平均度为 $\bar{k} = 3.47$，$L_{random} = \ln19 / \ln3.47 = 2.36$。

为了预防近期的恐怖袭击，我们需要了解当前恐怖组织的构成、涉及的行动者以及恐怖组织为实现目标所制订的方案。此外，在长期抵御恐怖袭击方面，我们还需要从内部和外部采取各种先发制人的措施。未来美国可能会优先采取在现有恐怖主义网络内部，以多种手段说服成员停止将暴力行为作为实现政治目标的主要手段；在外部方面则着力解决助长恐怖分子招募的经济、社会和政治问题。更进一步的，中期时可以出现进攻性和预防性措施的持续斗争，从而逐步过渡到长期的策略[2]。

本研究特别关注了先前和社会网络以及其他类型图相关的研究，这些图可以反映出个体之间的社会互动相似性。下面将介绍随机图和小世界图的概念，并将它们与社会领域之间的网络进行比较。

9.1.1　随机图和小世界图

ER(erdös – rényi model) 是一类早期研究较多的复杂网络。它的基本思想是以概率 p 连接 N 个节点中的每一对节点。ER 随机网络具有近似服从泊松分布的度分布、较短的平均距离以及较小的聚类系数等特性。WS(watts – strogatz model) 小世界模型与 ER 随机图模型相似，都是节点度近似相等的均匀网络。只要网络足够大，小世界现象在 $0 < p < 1$ 范围内一定会出现。随机图与小世界图之间的主要区别特征是聚类，它指的是一种拓扑结果。

聚类分析是一种无监督学习的方法，用于将一组物理或抽象对象划分为多个类别，每个类别由相似的对象组成。聚类分析的一般方法是先确定聚类统计量，然后使用这些统计量对样本或变量进行聚类。小世界网络通常具有较短的平均距离和较高的聚类系数，这是其典型特征之一。

Watts、Barabasi 和 Buchanan 等学者都提到了小世界网络现象。小世界网络现象是指世界上所有相互不认识的人只需要很少的中间人就能建立起联系。米尔格拉姆(Milgram)通过研究率先提出了小世界网络的最初概念,该项研究主要调查已知联系人将信件传递给未知个人的情境。研究结果揭示了著名的六度分隔(six degrees of separation)理论,即表面上相距遥远的人们之间只需要经过六个中间人就能够相互联系起来。

Watts 提出了网络特性——路径长度和聚类系数的定义,以便更清楚地区分随机网络和小世界网络[3]。这些定义结合起来可以用作小世界网络的公认技术和数学定义。假定已连接如下的网络。

定义 1:图的特征路径长度(L)是每个顶点 $v \in V(G)$ 连接到所有其他顶点的最短路径长度的均值的中位数。也就是说,计算每个 v 到 j 的 $d(v,j)$[其中 $j \in V(G)$],然后将 L 定义为 dv 的中位数。

定义 2:图的聚类系数(γ)表示与任意顶点 v 相邻的顶点彼此相邻的程度。因此,$\gamma = 1$ 表示图由 $n/(k+1)$ 个断开连接的、互不完全相连的子图(斜线)组成,$\gamma = 0$ 则代表完全无相邻顶点。

定义 1 和定义 2 的组合用作小世界网络的形式化图论定义。从本质上讲,小世界网络具有较强的局部连通性,而与网络中其他节点具有较低的隔离度。有趣的是,尽管许多真实的社会网络,包括一些社交网络,都是按照小世界网络结构来建立的,但这并不意味着所有的社会网络都是小世界网络,特别是当感兴趣的网络本质上不存在协作性时。

9.1.2　社交网络结构

社会网络分析领域的起源通常可以追溯到莫雷诺(1953)的社会图谱开发工作,他通过图谱将社会群体进行形象化展示。因此,莫雷诺利用与图论的密切联系,开发了一种评估社会群体中个体间定性关系的定量方法。接着,研究者们开发了各种工具和技术,以研究社交网络的结构特征和拓扑特性,以及个人特点对网络整体行为的影响,这些方法大多使用社交图[社交矩阵(X)]的数学表示来进行计算。

查尔斯等研究者提出了元矩阵的相关概念,这些概念基本围绕着网络动力学的四个功能假设:①社会结构;②知识和信息的传播;③知识领域之间的互相关联;④知识和需求的分布[4]。组织元矩阵设计聚焦于这些网络相关方面,作为基于代理的网络模拟的输入。这种模拟主要用来评估组织在执行任务和有效沟通等方面的能力。

鉴定网络中关键参与者的途径可以追溯到 Borgatti 的最新研究,他为识别非合作网络的潜在切入点提供了机遇。Borgatti 确定了两个"关键参与者问题"(KPP)。

KPP 方法的基本原则在于,许多集中措施并不是为了对所研究的网络产生潜在负面影响。相反,社会科学家会试图监控和预测行为。因此,所采取的措施并不总是以网络中断或"种子"的形式出现,特别是当关注的是选择达到这些目标最优数量($k >$ 1)的人员。

为解决这些问题,Borgatti 开发了一种分析这两个问题的启发式方法,但他提醒这些解决方案在本质上"远非最优"。启发式中使用的"好"度指标似乎未考虑有向度。经典覆盖、分区和 p 中值问题的变体以及稍后讨论的应用解决了部分问题。然而,与现有的启发式不同,数学编程技术提供了最优解。但是,基于 KPP 结果的解决方案中隐含假定了这些参与者是可访问的。

在这种情境下,"高价值目标"并不总是指组织的关键领导人,如基地组织的本·拉登被视为一个有价值的目标。这里的"高价值"是指潜在的危害,如虚假信息的破坏或传播,特定信息的损坏或传播,或特定个人或群体的选择,例如行动中为当地部队组装炸弹的人。特别是在 ERDP – 1 的情况下,需要在实现价值高的目标所需的资源与实现更可行但价值较低的目标所需的资源之间进行权衡评估。然而,这种方法隐含提供了对网络及其活动的集中控制,这在如今恐怖主义网络中运作的半自治单元中是无法实现的。

对于典型的网络研究,数据收集的复杂性需要大量的访谈,确定关系的水平或强度,并评估网络的动态。当与公众和直接调查无法轻易识别的无功能、冲突和适应性网络一起工作时,这些努力面临更大的挑战。

9.1.3　社交网络特征

一个社交网络的规模通常最大约为 150 人(邓巴数),平均规模约为 124 人。这些社交网络具有以下特征。

（1）同质性：社交网络中的人群往往有相似的特征和背景，例如共同的兴趣、年龄、职业等。

（2）多重性：社交网络中的人际关系相对紧密，大多数人与其他人都有直接联系，如同时是朋友和同事的两个人的关系具有多重性为2。

（3）互惠性：社交网络中的人们往往有相互帮助、支持和合作的倾向，形成较为密切的关系。

（4）网络闭合：社交网络中的人们往往形成紧密的群组或社区，彼此之间的关系相对封闭。

（5）邻近性：人们更倾向于和地理位置比较接近的人建立密切联系。

（6）桥接者：指连接不同社交群体的人，提供了最短路径，由于社交网络的规模较小，桥接者也相对较少。

（7）中心性：是用于分析社交群体或者某人的重要性或影响力的度量标准。

（8）密度：表示网络中直接联系的数量占总数的比例。

（9）距离：由于社交网络的规模相对较小，人与人之间的联系路径较短，即通过较少的中间人即可建立联系。

（10）结构洞：指网络中缺失联系的两个部分，企业家可以通过寻找并利用结构洞获得竞争优势。

（11）关系强度：在社交网络中，人与人之间的关系往往较为牢固和亲密。

（12）分割：把群体划分为"小团体"（每个人都与其他每个人直接联系）、"社会圈子"（直接接触不严密，较为松散），或结构上具有凝聚力的"块"（要求较高而准确）。

（13）聚类系数：度量一个节点的两个邻居间为邻居的可能性。更高的聚类系数意味着更高的"密切程度"。

（14）内聚力：描述参与者之间通过内部关系直接连接的程度。结构凝聚力则表示至少需要移除多少个成员才能使整个小组失去联系。

9.1.4　网络建模和可视化

社交网络的可视化在理解网络数据和传达分析结果方面具有重要意义。目前有许多用于将社交网络分析数据进行可视化的方法，并且许多分析软件都具备了网络可视化的功能。通过展示不同布局中的节点和关系，并为节点分配颜色、大小和其他高级属性，可以对数据进行探索。尽管网络可视化方法能够有效传递复杂信息，但在解释节点和图形属性时需要谨慎，以避免对结构属性产生误解，而这些属性可能通过定量分析能更好地被捕捉到。

标志性图表（signature diagram，又称 Signature 图表）可用于显示个体之间良好和不良关系。正向关系表明了积极的联系，例如友谊、同盟、约会关系，而负向关系则表示消极的联系，如仇恨、愤怒[5]。Signature 图表有助于预测未来的社交网络发展。

在 Signature 图表中，平衡循环和不平衡循环的概念非常重要。平衡循环是指系统中的各个部分之间存在一种相互调节和平衡的关系，以维持系统的稳定状态。在平衡循环中，系统中的变化和反馈机制能够相互平衡，使系统能够适应外部环境的变化，并保持内部的稳定性。相反，不平衡循环则是指系统中的某些部分之间存在一种不平衡和失衡的关系。在不平衡循环中，系统中的变化和反馈机制无法相互平衡，导致系统的不稳定性和不可预测性。不平衡循环可能会导致系统的崩溃或失衡状态。在 Signature 图表中，平衡循环和不平衡循环的概念帮助我们理解系统中的相互作用和相互依赖关系，以及这些关系对系统稳定性的影响。通过分析和识别平衡循环和不平衡循环，我们可以更好地理解系统的行为和演化，并采取相应的措施来调整和优化系统的运行。

在使用社交网络分析作为变革催化剂时，参与式网络映射的多种方法被证明是有效的。其中一种方法是参与者或访问者在数据收集过程中亲自绘制网络（可以使用纸笔或电了方式），并提供网络数据。Net-map 工具箱是使用纸张进行网络映射的一个示例，它还包括收集参与者属性（如感知影响和目标）的步骤。这种方法的优势在于，研究人员可以在收集网络数据的同时，获取定性数据。

社交网络潜力（social networking potential，SNP）是一个数值系数，通过特定算法计算得出，既代表个体社交网络的规模，又反映他们对网络的影响力。SNP 系数最早由 Bob Gerstley 在 2002 年定义和使用。与之密切相关的概念是 Alpha User，即具有较高 SNP 的人[6]。

SNP 系数有以下两个主要功能。

（1）按照个人的社交网络潜力分类，并在定量营销研究中对受访者进行权重计算。

（2）通过计算受访者的 SNP，针对具有较高 SNP 的受访者，在定量营销研究中推动病毒式营销策略，提升研究的严谨性和相关性。

社交网络分析在众多学科领域得到了广泛应用，以下是一些常见的应用领域。①数据聚合和挖掘：利用社交网络分析来聚合和挖掘大量的社交数据，提取有价值的信息和模式。②网络传播建模：研究信息在社交网络中的传播过程和模式，揭示关键影响者和信息扩散路径。③网络建模和采样：对社交网络进行建模和采样，以了解网络的结构和特征，帮助预测和分析网络行为。④用户属性和行为分析：通过社交网络分析，分析用户在社交媒体上的行为和兴趣，提供个性化的推荐和定制服务。⑤社区维护资源支持：帮助社区管理者理解社交网络中的社区结构和关系，提供资源支持和社区维护策略。⑥基于位置的交互分析：结合位置信息和社交网络数据，分析人们在特定地理位置的互动和行为模式。⑦社交共享和过滤：利用社交网络分析，对社交媒体中的信息进行共享和过滤，提供个性化的信息推送和过滤服务。⑧推荐系统的开发：基于社交网络分析，设计和开发推荐系统，为用户提供个性化的产品和服务推荐。⑨链接预测和实体决议：通过社交网络分析，预测新的链接和关系，解决实体决议和网络链接问题。

在私营部门，企业利用社交网络分析来支持客户交互和分析、信息系统开发分析、市场营销和商业智能等需求。而公共部门则应用社交网络分析来制订领导者参与策略，分析个人和团体的参与和媒体使用情况等。

9.2　网络数据的挑战

传统收集社会计量学数据的方法包括问卷调查、访谈、观察、档案记录和实验等。这就意味着，数据集由总体构成，而非子集。此类研究仅能建立收集到的数据性质与实际人群性质间的隐含联系。因为对于每个个体之间潜在的 $n(n-1)$ 个直接联系来说，获取关于大型种群的完整且准确数据是代价昂贵且极具挑战性的。

真实网络的样本或子集需要包含当前可用的数据集。除非个体确定是来自特定人口，否则其代表性都无从确保。社交网络研究通常处理人口而非人口样本，文献中主要有三种方法[7]。第一种是滚雪球抽样（亦称扩张选择）；第二种方法基于调查对象是否愿意或能被说服提供相关信息，称为固定列表或固定选择；第三种是针对性抽样,主要研究艾滋病在静脉吸毒者中的传播。这种网络的成员参与非法毒品使用,形成一个类似于恐怖组织秘密网络的群体。

滚雪球抽样分为 s 个阶段和 k 个命名,主要是执法和情报机构使用的方法。这可以无限期进行,直至揭示整个犯罪组织并且不再构成威胁。但在实践中,被捕后,被调查者通常不愿提供信息。相较于自首,此方法所获取的信息较少,或由于依赖欺诈性信息而存在偏差。若信息是秘密收集(如窃听或其他电子监控形式),除非目标个体意识到监控或进行某种操作安全措施,他们都可视作愿意"提供"信息。然而,由于秘密组织固有的安全需求,与公开研究相比,最终的获取模式可能受到一定限制。

固定名单抽样需提供一份人名清单,并让被调查者指出他们在调查背景下与名单上哪些人存在某种程度的关系。对于原始名单中的所有受访者,这是可行的。在审讯过程中,拘留者会看到其他人的名单,并要求他们确认彼此间的关系,或在询问过程中出现矛盾。这些指标可以用于从受试者那里获取更多信息。

尽管合作式数据收集和非合作式数据收集存在相似之处,后者或许不提供任何信息,或提供错误信息,但在某些情况下,后者仍具有用处。如果目标不愿合作,这些问题将长期困扰决策者和分析师。未来的研究可能从发现真实网络结构很高比例可能性的方法中受益。然而,在这种竞争性网络上获取数据是一项巨大挑战。

目前为止,我们已经讨论了网络拓扑、社交网络的细微差异,以及收集描述非合作网络数据的挑战。下一部分将探讨影响恐怖分子决策的心理因素及目前对这些因素建模的尝试。

9.3　恐怖分子分析

美国官方将恐怖主义定义为"出于政治动机,针对无辜者实施的蓄意暴力行为"。为更好应对恐怖分子和恐怖组织,我们需要了解他们的心理、动机和总体目标。理论上,了解这些信息能够帮助分析人员对这些个体及其组织行为进行建模,从而提供预测、直接或间接阻止此类威胁的机会。进行这些试验的目的是积累经验并提出更有可能将恐怖分子构成的威胁边缘化的行动方案[8]。当前,研究人员正在尝试对代表恐怖分子的虚拟特工进行行为编码。

本节讨论了一些试图对恐怖组织及其成员行为进行建模的现有方法。从这一研

究路径中可能获得的潜在优势包括:①深入了解激发个人参与这些活动的根本原因;②描述如何将这些概念纳入基于主体的模拟进行研究;③利用这些模拟来评估各种行动路线,包括从接近阵线行动到运用其他力量和/或国际外交手段。尽管本研究范畴并未涉及第二和第三类优势,但解决静态或动态问题时,首先需要解决第一个问题。

在针对恐怖网络核心成员的研究中,一些学者结合恐怖活动特点提出新的分析思路。Memon 提出了角色中心度模型,角色中心度模型的核心思想是将恐怖分子在不同网络中的角色进行比较和评估,以确定其在整体网络中的重要性。这种方法考虑了不同网络中的恐怖分子的不同角色,并将其综合起来进行评估。通过对不同网络中的中心度度量值进行加权平均,可以得出每个恐怖分子在整体网络中的核心性。通过角色中心度模型,研究人员可以更全面地了解恐怖活动网络中的核心成员和关键人物。这有助于揭示网络的结构和运作方式,从而更好地理解和应对恐怖活动的威胁。该模型为研究人员提供了一种有效的工具,可以在多元恐怖活动网络中识别和分析核心成员,并为制订反恐策略提供指导[9]。

9.3.1　建模对象与目的

从长期角度来看,加深对恐怖行为认知有助于提高化解恐怖分子新生代招募的潜在条件。由于人类行为本身的复杂性,进行行为建模无疑是一项艰巨任务;尤其是在模拟恐怖活动方面,难度更大。有些恐怖活动,如许多人视为不合理的自杀式炸弹袭击,涉及与我们意识形态不同的敌人。一些学者则认为自杀性恐怖活动是出于政治动机,是理智且有预谋的暴力行为,实施者可能为个体或小团体,并在行动过程中选择与目标一起同归于尽。强调实施者的死亡是该行动成功的先决条件。

自杀式恐怖主义的"非理性"常常被误解。恐怖分子的行为并非都源于对某些信条的狂热解读,也并非总是来自刻板印象中的"弱势"社会阶层。事实上,美军也确实愿意为自己的意识形态(如自由与民主)付出生命。然而,与自杀式炸弹袭击者不同的是,西方军队往往只关注令敌方投降或死亡,努力使友军损失降至最低,而非有意在战争过程中掩盖己方军队的死亡人数[10]。

Johns 和 Silverman 研究并开发了一些模型以促进军事训练,特别是在敌对城市环境中的游击战区域。最终建模目标是预测可能导致威胁的行为,从而了解如何克服这些威胁。

9.3.2　理性决策

理性既体现为一种思维方式,也表现为行为模式。在各学科领域内,理性通常涉及与选择相关的概念。决策理论方法主要强调效用推导。在确定人道主义救援水平和改善生活条件以削弱恐怖组织吸引力方面,经济学方法可能是有效的,但其在理解和预测现行恐怖活动方面的作用仍不明确。

对于恐怖分子和恐怖组织的行动以及相关意识形态背景下的个体,他们之间的最佳决策策略可能差异较大。因此,在决策方面,我们需要更深入地理解人类行为。显然,决策理论方法非常适用于基于主体的模拟中模拟参与者或主体的决策模型,具体将在本章节的后续探讨中介绍。

9.3.3　需求层次理论

马斯洛提出了需求层次理论,用于更深入地理解人类行为,称马斯洛需求层次理论。该理论将人类需求分为五个层次,依次为生理需求、安全需求、归属和爱的需求、尊重需求和自我实现需求[11]。马斯洛需求层次理论以人本主义为基础。他认为人与动物的根本区别在于人的内在力量,即人性追求实现价值和潜能。所有的人类行为都有目的性,受人类意识影响。然而,该理论存在人本主义局限性,没有提供明确的需求标准和等级。

需求层次理论认为:

(1)动机是复杂的,没有哪个动机会孤立地影响行为,总是同时存在多种动机。

(2)每个人都有一个需求层次结构,通常要求在高层次需求影响行为之前,较低层次需求至少需部分满足。

(3)需求满足并非动机动力。当一个需求得到满足时,另一个需求随之出现,个体始终处于积极状态。较高级别需求相较于低级需求有更多满足途径。

考虑到生理和安全是最基本的两个需求(通常优先于所有其他需求),因此可以假设一旦满足这些需求,就可以满足更高层次上的需求。然而,在自杀式炸弹袭击背景下,一个明显问题是:"个人为满足更高层次需求,是否能忍受最基本需求(生理和

安全)的损害?"针对这一问题,美国耶鲁大学的 Clayton Alderfer 提出了另一种理论。

Alderfer 对基于马斯洛需求层次理论进行了实际经验研究,并提出了一种新的人本主义需求理论(ERG theory of motivation)。他将人类核心需求划分为三种:存在(existence)、关联性(relatedness)和增长(growth),即 ERG 理论。存在需求体现为物质和生理需求;关联性需求包括与他人的关系和归属;增长需求包括对个人和环境的创造性或生产性影响。这种结构在某种程度上反映了马斯洛的理念。

Alderfer 的分类体系避免了马斯洛需求层次理论中的问题和重叠。此外,Alderfer 的需求层次结构不是严格分层的,不以低级需求满足为满足高级需求的先决条件。这部分解释了恐怖分子为了某种高级追求而在根本上影响他们生死的愿望。Alderfer 指出,这些需求类别提供了动机基本要素[12]。

9.3.4 决策理论

为了探究影响员工工作满意度的关键因素,Herzberg 等研究者提出了一种受到广泛关注的动机理论。这一理论指出,影响工作环境心理健康的所谓"卫生因素"可以在满足时有效减少员工的不满情绪,但仅仅满足这些因素,并不能确保员工的工作满意度。理论的第二部分涉及"动机因素",它们是工作积极性的重要原因,因为这些因素满足了员工在工作中实现自我的需求。这两个因素不仅满足员工的心理需求,更关键的是,它们激发了员工追求满意度和提高工作绩效的积极动力。

Costley 等研究者将 Herzberg 的理论与马斯洛的需求层次理论进行了比较与对比。本质上,动机因素与自我实现和自尊需求是一致的,而卫生因素与社会、安全和生理需求相符合。这种将心理基础应用于动机和行为的建模方法,最初仅针对企业员工的环境进行研究,但不能确定这种理论是否适用于其他非企业员工的情景[13]。该理论在恐怖活动的潜在动机方面的应用,尽管具有一定的理论价值,但并不在本研究的探讨范围之内。然而,考虑到这些理论都试图解释个体的激励因素,并涉及某种形式的情感因素,因此彻底解释自杀性恐怖行为可能取决于动机和情感的综合考虑。

决策理论认为,人们的决策是基于一些关于最佳结果所预期带来的假设和信息。Costley 等研究者指出,关于动机的期望理论,一个共同的基本假设是人们根据期望成果来选择行为。潜在奖励的价值(又称效价)和努力成功的感知概率(又称期望)之间的关系可以作为衡量期望和动机的标准。考虑到不同的意识形态差异可能导致对"奖励"的认识不同,这意味着为了预测恐怖分子的行为,我们需要从他们的角度来分析。

研究人员发现,情感本身就是一种激励力量。过去的经历会影响未来的行为。恐惧(或对其追求)的程度可能会影响实现目标的动力。当前的情绪状态会影响对事件或记忆的认知评估,这可能有助于促进人们在解读环境中事件意义时的持续关注。例如,尽管成功执行恐怖行为意味着他们自己的灭亡,但个人仍然会因为害怕让家人和朋友失望而全身心投入任务。这与另一个情感功能紧密相连,即在经历强烈刺激后,持续数分钟甚至更长时间的情感反应可能有助于产生持续的动机和行为导向,进而实现一个或多个目标。

Ellis 和 Hunt 以及 Rolls 探讨了如何将情感纳入决策过程的观点。他们认为情绪和情感状态可以显著地影响认知过程。然而,他们随后举了一些实例,这些实例中的研究表明,情绪状态(如抑郁)不一定会影响个人的应急决策能力。与此相反,Costley提出:"情感可以有效地被定义为奖励和惩罚所产生的状态。"尽管 Costley 等人描述了效价和期望值,但情感或触发情感状态的外部条件可能会影响或改变最终的动机值[14]。

Rolls 总结了情感的几个功能,其中一些功能在模拟恐怖分子决策过程时具有重要意义。第一个功能是情感可以激发某些自主神经和内分泌反应,为身体采取行动做好准备。例如,运动员可以利用外部刺激(如观众的欢呼声)激发精神,从而提升表现。类似地,在面临直接危险和明显致命威胁时,人或动物会产生战斗或逃跑反应。恐怖组织通过战术手段实现目标,尤其是自杀式炸弹袭击者,这种手法几乎难以阻止。极端恐怖组织正是为这些"人体炸弹"提供了身份认同[15]。

Ehud Sprinzak 建议分析选拔自杀式炸弹袭击者的领导者,并指出选择这种恐怖主义手段的领导者往往会受到强烈危机感的影响。在此背景下,其利用仇恨等敌对情绪和深刻的受害意识来驱动这些人。情感与动机之间的联系,以及由此产生的恐怖组织和个人行为、决策等抽象概念的问题,值得我们进一步研究和探讨。

9.3.5 行为决策建模

有一些学者指出,传统的理性经济模型需要大量难以获取的数据。对于人类行为和决策,特别是针对非合作关系中的个人决策的建模,这无疑是一个艰巨的任务。有限理性的概念得到了进一步拓展,有助于开发更符合实际理性决策者需求且易于实施的模型。这类模型要求决策者证明其选择的合理性,从而提供一种将情感与动机结合,并应用于极端主义者决策过程的方法(图9.1)。

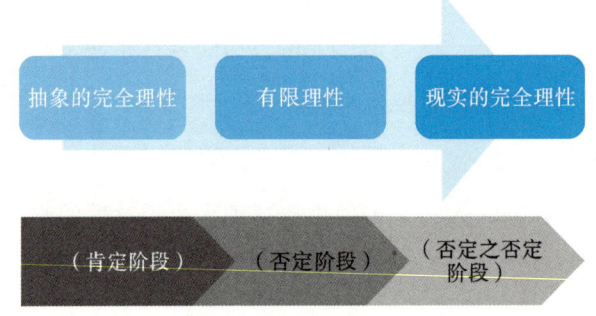

图9.1 关于决策理论相关人性假设发展变化的预测

这些假设被采用来开发一种决策模型,该模型利用自然语言阐述目标、选择、关系与策略,包括表述所做决策的理由。在新的模型中,研究焦点从仅关注个体决策者扩展到了将决策过程视为通过人际关系来实现的一种社会过程。借助这个框架,我们可以研究涉及咨询、说服和谈判的多主体现象[16]。

鉴于自杀性恐怖分子通常都是涉及众多参与者的庞大组织链中最后的一环,如果选择目标与人际关系的强度确实存在关联,那么在确定如何制订和执行旨在影响组织目标的心理战时,我们可以利用这一事实。然而,传统经济和决策理论方法(如预期效用和单个决策者的假设)所面临的数据问题在这里也是一个挑战,与此相关的,这些人的不合作性会导致类似问题。此外,模型需要综合考虑更为复杂的社会心理因素。

这项研究的另一个亮点是元推理模块,元推理过程首先进行对代理人当前情感状态的评估。基于此因素与来自外部和内部的信息,代理人会尝试确定哪种行动方式最能满足其需求,并接受情绪评估员的评价。

总之,情绪在恐怖分子和极端分子的决策能力中扮演着重要角色。约翰斯和西尔弗曼努力创建了一个认知评估模型,将关注点细分为目标、标准和偏好。在面临多目标时,这些关注点可被理解为目标、成本或限制以及基于单维价值函数的偏好或权重。

这种模型揭示了代理人情感与潜在的"驱动决策理论效用函数"的关系。这种方法要求研究代理人的关注点与记忆之间的相互影响,包括短期和长期的影响[17]。

9.4　安全应用

社交网络分析在情报、反情报和执法活动领域得到广泛应用。它是一种有效的工具,用于理解和分析人际关系网络、组织结构和信息传播模式。

在情报领域,社交网络分析可以帮助分析人员识别并理解不同个体之间的联系和关系。通过分析社交网络的拓扑结构和节点的属性,可以确定关键人物、组织的层级结构以及信息流动的路径。这有助于发现潜在的情报来源、情报传播的渠道和情报活动的模式。

在反情报领域,社交网络分析可以帮助识别和监测潜在的间谍网络、恐怖主义组织或其他敌对势力的活动。通过分析社交网络中的关键节点和连接模式,可以识别潜在的情报收集者、潜伏者或敌对组织的成员。这有助于及早发现和应对潜在的安全威胁。

在执法活动领域,社交网络分析可以帮助执法机构了解犯罪组织的结构和运作方式。分析社交网络中的关联关系和活动模式,可以识别犯罪网络的核心成员、关键人物和犯罪活动的模式。这有助于指导执法机构制订打击犯罪的策略和行动计划。

总之,社交网络分析在情报、反情报和执法活动中发挥着重要作用,帮助相关机构理解复杂的人际关系网络,并利用这些信息来支持决策制订、情报收集和打击犯罪活动。例如,美国国家安全局通过其秘密的大规模电子监控行动,收集与恐怖分子囚犯和其他与美国国家安全相关的网络有关的数据。美国国家安全局在初步绘制完社交网络后,会深入分析网络结构,以确定关键信息,如网络中的领导者。这使得军事或执法部门能够有针对性地捕获或打击这些高价值目标,从而削弱网络的功能。据报道自"9·11"袭击发生后,美国国家安全局就一直在对某些电话通话记录(即元数据)进行社交网络分析[18]。

9.4.1　犯罪预警

社交媒体上谣言的传播越来越受到人们的关注,尤其是与科学问题相关的信息不足甚至错误的信息。研究发现,传统舆论领袖的影响力正在逐渐减弱,公共论坛使用户意识到各种意识形态观点的存在,而犯罪预警需要采取其他策略进行有效的事实核实。本研究的目的是为社交媒体上科学谣言传播过程提供重要的见解。

预测犯罪事件有助于执法机构制订最佳巡逻策略,对于社会犯罪预防至关重要,有助于增加公共安全、减轻经济损失。然而,预测犯罪事件是充满挑战性的工作,因为犯罪事件具有时空分布特征。传统犯罪事件预测主要基于历史模式、地理信息系统(geographical information system,GIS)收集的信息以及人口统计变量(如性别、收入、年龄和种族等)。然而,这些变量基本恒定或随着时间变化缓慢,难以捕捉短期变化的犯罪事件相关因素。

在人工智能、大数据和机器学习技术的推动下,刑事执法领域正在发生变革,警察活动的传统模式不断改进。在全球安全危机的推动下,欧洲公共安全治理近年来逐步向预防和控制方向转变,警察部门正逐步转向以情报驱动的警务工作。欧洲警察采用监控、收集、分析和整合大量数据进行犯罪预测,作为当前执法趋势之一。威廉·布拉顿(William Bratton)等学者将预测性警务定义为开发和利用信息及高级分析方法,为前瞻性犯罪预防提供指导,可以将其看作是一种前瞻性思维。其设计逻辑可以追溯到19世纪边沁提出的"道德计算"[19]。

预测性警务被定义为应用统计预测方法识别可能的犯罪事件预防目标。这使警察能够在资源有限的情况下制订有效的巡逻策略。犯罪事件预测已广泛研究了多种信息类型,包括长期历史信息、地理信息和人口统计信息。然而,这些信息随着时间的推移变化缓慢,无法捕捉短期变化的犯罪事件相关因素。尽管人们普遍认为,城市活动包括人口多样性和游客比例对某个地区的安全具有重要作用,但由于人口不断流动,它们经常发生变化。

9.4.2　使用历史信息预测犯罪事件

传统犯罪事件预测方法基于这样的假设:犯罪事件更有可能发生在过去犯罪活动

的附近地区。对于特定地区,需要分析某类犯罪事件的历史数据,以预测这些犯罪事件在不久的未来出现的可能性。在过去十年中,研究者已经开发了各种预测模型,其中包括回归模型、机器学习技术(如神经网络)、支持向量机(support vector machine,SVM)、最近邻(the 1 nearest – neighbor,1NN)、决策树、随机森林和集成学习等方法。

部分研究集中关注住宅入室盗窃预测,对城市进行网格划分。对于每个网格,过去的入室盗窃数量按月计算。研究者运用多种分类器,包括1NN、J48、SVM、神经网络和朴素贝叶斯,根据该网格以及相邻网格的犯罪历史数据,预测每个网格单元在下个月入室盗窃发生的可能性。研究结果显示,J48、SVM、神经网络优于其他模型,而神经网络的性能通常优于 J48 和 SVM。然而,这一预测模型只依赖于附近犯罪事件的历史数据。

部分研究提出了一种名为群聚置信度速率提升算法(cluster confidence rate boosting,CCRBoost)的方法,该方法同时考虑了时空因素和犯罪事件的相关性[20]。例如,用一种犯罪类型(例如抢劫)作为待预测相关犯罪事件的指示因子,同时在同一时间段内,同一位置的其他犯罪类型会被用于构建指示向量。每个指示因子都分配一个类别标签,用以表示此位置是否为待预测犯罪事件的高发地。

在犯罪预测领域,尤其适用于住宅入室盗窃预测的方法还有自激点过程理论(self – exciting point process,SEPP)。SEPP 是一种用于对地震活动的时空聚类进行建模的流行方法。使用该模型可以实现更高的预测性能。某些商业软件,如 PredPolFootnote2,将 SEPP 作为基础算法用于犯罪预测。该工具通过分析过去犯罪事件的位置和时间数据来预测犯罪发生的概率。

9.4.3　使用地理和人口统计信息预测犯罪事件

广义加性模型(generalized additive model,GAM)可以应用在预测未来犯罪事件的位置,特别是通过时间信息来进行预测。该模型涉及三个数据集。第一个数据集是基于人口普查区组获取的城市人口统计数据,其中包括人口总数、各类房屋的中位数、种族种类、婚姻状况等。第二个是城市地理信息数据集,如道路、高速公路、小型企业和学校位置等。第三个是犯罪数据集。

为了构建犯罪预测模型,需要先将城市划分为多个网格。每月针对每个网格进一步预测。预测变量包括网格质心与地理标志之间的最短距离(例如到最近道路的距

离）、从人口统计数据中提取的普查信息以及时间信息（即最近一次犯罪事件发生后的几个月）。

GIS 公司 Azavea 设计的犯罪预测工具 Hunchlab 可视为这类预测模型的代表。它考虑了更广泛的变量,如季节性变化、社会环境及其相关风险因素等。Hunchlab 旨在预测某特定犯罪类型在一定时间内在不同地点发生的概率[21]。

9.4.4 使用社交媒体预测犯罪事件

上述研究着眼于探索数月内的地理和人口信息。一些研究人员已经将从 Twitter 等社交媒体获取的信息融入预测模型中。潜在狄利克雷分配（latent dirichlet allocation,LDA）是一种基于贝叶斯学习的话题模型,广泛应用于文本数据挖掘、图像处理、生物信息处理等领域。核密度估计（kernel density estimation, KDE）是一种非参数检验方法,用于在概率论中估计未知密度函数。

在部分研究中,为预测某城市特定地点的特定犯罪类型概率,研究人员从两个角度考虑周边地区的信息:同类犯罪事件密度以及附近地区互联网推文的主题。他们采用 KDE 评估犯罪密度,并运用 LDA 对周边推文主题进行建模。然后,这些密度和主题分别作为特征,用于训练 logit 模型。

近十年来,随着 Twitter、Foursquare 等社交媒体平台的普及,可用于捕捉城市动态（例如人员在城市内的流动性）的大量信息不断涌现。部分研究人员正借助 Twitter 数据辅助犯罪事件预测,通过对推文进行主题分析以捕捉社区情感。虽然情感随时间变化,但通常需要较长时间才能识别出这种变化[22]。

通用线性回归模型（generalized linear models,GLM）同样可用于利用社交媒体数据预测犯罪事件。研究人员将当地新闻社发布的推文中的主题作为后续犯罪事件发生的预测指标。为获取推文中的主题,他们应用语义角色标签（semantic role labeling, SRL）和 LDA。SRL 用于从推文中提取事件,这些事件组成每天的文档。由于文档中事件数量庞大,研究者运用 LDA 识别每个文档的主题,并计算文档属于各主题的概率。这些主题将作为预测变量应用于第二天的犯罪事件预测。

不过,这种方法也存在一定局限性,如新闻代理推文仅包含突发新闻信息,以及推文字数限制可能导致部分犯罪事件（如盗窃）被忽略、细节丢失等问题。尽管如此,一些研究者仍然尝试利用这些推文中发现的主题展开进一步研究。

9.4.5　利用人类流动性进行犯罪事件预测

根据一些城市研究,某地区访客的多样性及随时间推移产生的相关影响与该地区的安全性密切相关。因此,从基于位置的社交网络(location – based social networks,LBSN)数据中提取的高动态人员流动信息成为关键要素。兴趣点(point of interest,POI)通常包括名称、地址、坐标、类别等属性,对互联网电子地图中的点类数据进行划分[23]。

目前,一项研究整合移动网络活动数据和人口统计学以挖掘人类行为。例如,随着时间的推移,不同地区连接移动网络的人数变化。犯罪事件干扰问题可以利用POI信息来估计整个城市的人口分布以及出租车流量信息,以帮助了解附近地点之间的空间相关性。研究人员通过使用流程图表示时间动态,并利用多跳网络使得结果可靠且可扩展,随后通过图嵌入的方法将空间图和流图结合起来。

数据研究人员可以利用预测框架中区域内的时间相关性以及区域之间的空间相关性来预测犯罪事件数量。首先,他们从多种来源(包括人员流动性和POI)中提取特征。从这些数据集中获取的特征包括登机次数、活动轨迹、上车和下车次数以及区域的POI密度。基于提取的特征和犯罪数量,研究人员使用优化方法计算权重矩阵。之后应用另一种优化方法,预测下一个时间间隔的权重矩阵。最后,根据此权重矩阵预测犯罪数量。

基于位置的社交网络系统地研究人员流动的高动态性,以提高犯罪事件预测性能。多种预测模型(如SVM、随机森林、神经网络和Logistic回归)和集成模型以及广泛应用的特征(历史特征、地理特征、人口统计特征等)进行了测试。然后,通过比较引入动态特征前后的预测性能,测试结果表明,在添加动态特征后,预测性能明显提高,且具有统计学意义。

9.4.6　智慧城市探索性数据分析与犯罪预测

算法的应用不仅能从用户数据挖掘中为运营人员带来灵感,还可以在预测式警务方面发挥重要作用。相较于简单地分析过去的犯罪规律,如果采用预测式警务方法,分析人员便可运用过往犯罪行为所展现出的规律,精准地预测可能出现犯罪活动的地点,并重点进行干预。预测式警务的任务不止于让犯罪分子受到制裁,更是让警务人

员在关键时刻出现在适当地点,以达到震慑犯罪分子的效果。类似于超市里的迎宾员,其目的在于让人们意识到自己处于监视之下[24]。

　　智慧城市(smart city)概念涵盖了多项由现代技术支持的举措,目的在于利用各种信息技术或创新理念,实现城市系统和服务之间的整合,提升城市居民在发展、安全、能源等领域的生活品质。其中,影响城市生活质量的关键因素之一即犯罪率。然而,虽然现代城市可能拥有许多先进技术,市民安全的基本需求仍是一个亟待解决的问题。许多城市已签署"开放数据"计划,向公众提供犯罪数据的存取权限,旨在促进公民参与决策过程,并利用这些数据揭示有趣且实用的信息。

　　旧金山市是众多参与开放数据计划的城市之一。旧金山警察局的数据科学家与数据工程师依据收到的警方投诉记录,整理了100000起犯罪案件。有了这些历史数据,我们可以发现许多模式,从而有助于预测未来可能发生的犯罪,使警察更加有效地保护城市居民。研究人员们使用了理想情况下的方法论(例如,市民生活在安全的环境和邻里街道)以及可能对执法部门在预测和应对犯罪方面有所帮助的初步成果。为此,研究团队分析了15年的犯罪率数据集(2003—2018年),以识别多年来的犯罪趋势并预测未来可能发生的犯罪(表9.1)。相较于之前处理类似数据的方法,本研究提出的数据预处理方法更能改进对高度不平衡数据集的预测能力[25]。

表9.1　实际数据集概况

旧金山警方投诉数据集(2003—2018年)			
事件编号	犯罪类别	犯罪描述	犯罪的确切日期
160919032	破坏公物罪	恶作剧对生命	星期五
160920976		的威胁	星期六
日期	时间	发生犯罪的警察区	地址
2011/11/16	7:00	使命中心	MASON ST FILLMORE
2011/12/16	2:58		ST/GEARY BL 2600 街区
X	Y	针对犯罪的解决方案	坐标
−122.4052518	37.751525	无逮捕	(37.75152495730467, −122.4052517658)
−122.4140032	37.8079695	已登记	(37.80796947292687, −122.4140031783)
标识符			
16091903228160.00			
16092097619057.00			

旧金山犯罪数据集包含以下属性。

- 事件编号:警察记录中记录的犯罪事件编号,类似于行号。

- 犯罪类别:最初有39个不同的值(例如,攻击、盗窃/盗窃、卖淫等),它也是我们将尝试为测试集预测的因变量。

- 犯罪描述:犯罪的简要说明,提供的信息比"类别"字段略多,但仍然非常有限。

- 日期和时间:犯罪发生的日期和具体时间。

- 犯罪的确切日期:犯罪发生在星期几,有星期一、星期二、星期三、星期四、星期五、星期六、星期日。

- 发生犯罪的警察区:旧金山已分为10个警察区,包括南部、里脊、特派团、中部、北部、湾景、里士满、塔拉瓦尔、英格尔赛德、公园。

- 针对犯罪的解决方案:有被捕、已预订、无。

- 犯罪的街道地址。

- X(Y):犯罪的横向(纵向)坐标。

- 坐标:一对坐标,即(X,Y)。

- 标识符:为数据库更新或搜索操作注册的投诉的唯一标识符。

在本研究中,研究人员将大数据分析技术应用于旧金山警察局收集的犯罪数据集,该数据集可以通过开放数据计划获取。研究的主要焦点是对旧金山发生的主要犯罪类型进行深入分析,观察多年来的发展趋势,以及探讨各种属性如何导致特定犯罪的发生。在训练各种机器学习模型进行犯罪类型预测之前,研究者还利用探索性数据分析的结果来引导数据预处理过程。

具体来说,该模型可以预测该城市每个地区将出现的犯罪类型。不同于以往研究中采用的度量标准,这些研究主要关注多数类别的表现而忽略了少数类别中的分类器性能,本研究所采用的模型则着眼于解决这一问题。此模型在智能城市的执法资源分配方面已经找到了实际应用,为城市管理者提供了更为精确的犯罪预测,以便针对性地安排警力资源(图9.2)。这一研究成果有效地弥补了过往研究中的不足,对智慧城市的安全管理产生了积极的影响[26]。

这项工作的基本目标是构建一个模型,能够在给定特定特征集(如时间、地点、月份等)的条件下,预测哪些犯罪类别更有可能发生。Apache Spark是一款快速的、通用型的集群计算系统,已然成为大数据领域中最活跃的开源项目之一,能够执行并行处

理任务。作为未来研究工作的一部分,研究人员还计划评估利用其他分类器(如神经网络)来进一步优化分类过程的成果。

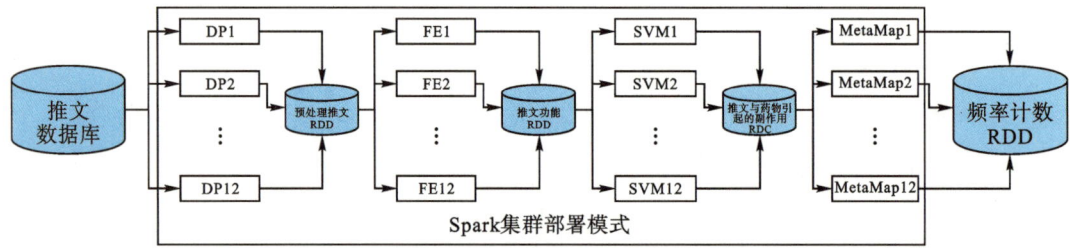

图9.2　用于分布式处理的 Spark Pipeline

除此之外,还可以将其他元数据(如人口、住房和交通数据)纳入研究范围,以期获得更多关于犯罪预测过程的信息。值得一提的是,本项目提出的方法同样适用于其他城市的犯罪数据集分析,尽管不同地区之间可能存在差异。通过运用这些方法,我们可以更全面地揭示各地犯罪特征及其背后的影响因素,从而为城市犯罪防治提供有力支持。

本章利用社会网络理论,从网络恐怖主义的形态、结构、行为等方面进行了深入的分析,揭示了网络恐怖主义的本质和规律,为网络恐怖主义的侦查和防范提供理论和方法的支撑。社会网络理论是一种跨学科的理论,它可以有效地联系生物安全领域的不同层面和方面,为生物安全的风险评估、信息共享、标准制定、应急处置等提供有益的参考。在生物安全领域,社会网络理论还可以与其他理论和技术相结合,如生物技术、生物信息学、生物统计学等,形成更加完善和系统的生物安全分析框架,为国家的生物安全建设和治理提供科学的指导和保障。

(李帅成　韩洞明　王姣)

参考文献

[1] 吴绍忠. 网络恐怖主义的演化:逻辑、阶段与趋势[J]. 中国信息安全,2021,12:24-28.

[2] 张赟. 社会网络分析在网络恐怖主义侦查中的应用[D]. 北京:中国人民公安大学. 2020.

[3] 孙频捷. 网络恐怖主义主要表现形态、发展趋势与治理对策[J]. 中国信息安全,

2021,9:22 – 27.

[4] 李翰超,张婷,陈鸿昶,等. 基于社会网络分析的反恐研究综述[J]. 信息工程大学学报, 2021,22:87 – 93,118.

[5] 付举磊,孙多勇,肖进,等. 基于社会网络分析理论的恐怖组织网络研究综述[J]. 系统工程理论与实践, 2013,33:2177 – 2186.

[6] 李本先,李孟军,孙多勇,等. 社会网络分析在反恐中的应用[J]. 复杂系统与复杂性科学, 2012,9:84 – 93.

[7] AIROLDI E M, BLEI D, FIENBERG S, et al. Mixed membership stochastic blockmodels[J]. Advances in neural information processing systems, 2008,9:1981 – 2014.

[8] ANDERSON C J, WASSERMAN S, CROUCH B. A p * primer：logit models for social networks[J]. Social networks, 1999,21:37 – 66.

[9] BROMAN C L. Social relationships and health – related behavior[J]. Journal of Behavioral Medicine, 1993,16:335 – 350.

[10] CARRINGTON P J, SCOTT J, WASSERMAN S. Models and Methods in Social Network Analysis[M]. Cambridge：Cambridge University Press, 2005.

[11] 阮安邦,果霖,魏明,等. 一种基于小世界网络的分层应用的方法：CN114006958A[P]. 2022 – 02 – 01.

[12] 伍思睿. 小世界与无标度现象:基于空间句法的多路网研究[J]. 数字技术与应用, 2021,39:206 – 208.

[13] GUARE J, SANDRICH J, LOEWENBERG S A. Six degrees of separation[M]. Los Angeles：LA Theatre Works, 2000.

[14] LYNCH C. Volunteers swell a reviving Qaeda, UN warns[J]. International Herald Tribune, 2002,19:3.

[15] MASLOW A H. 45 Conflict, frustration, and the theory of threat[M]//SILVAN S T. Contemporary psychopathology. Cambridge, MA and London, England：Harvard University Press, 1943：588 – 594.

[16] 张东平. 社交网络的宣扬恐怖主义犯罪及治理[J]. 北京航空航天大学学报(社会科学版), 2022(4):1 – 9.

[17] 刘乔. "大数据"背景下对有限理性决策理论的重新思考[J]. 未来与发展, 2019, 43:42 −45.

[18] 李彦, 马阳阳. 大数据时代网络恐怖主义国际治理的问题与对策[J]. 中国信息安全, 2022(3):18 −23.

[19] 魏怡然. 预测性警务与欧盟数据保护法律框架:挑战、规制和局限[J]. 欧洲研究, 2019, 37:86 −102, 107.

[20] YU C H, DING W, CHEN P, et al. Crime forecasting using spatio-temporal pattern with ensemble learning[C]. Springer International Publishing, 2014.

[21] 过云燕, 李建中. 分布式潜在狄利克雷分配研究综述[J]. 智能计算机与应用, 2021, 11:200 −205.

[22] WU J, SON G, WANG S. A competency mining method based on latent dirichlet allocation (LDA) model [J]. Journal of Physics:Conference Series, 2020, 1682:012059.

[23] YOGA S, DHOMAS HATTA F. Analysis of health research topics in indonesia using the LDA (latent dirichlet allocation) topic modeling method[J]. Jurnal RESTI (Rekayasa Sistem dan Teknologi Informasi), 2020(4):2.

[24] BORAH A, WANG X, RYOO J H. Understanding influence of marketing thought on practice:an analysis of business journals using textual and latent dirichlet allocation (LDA) analysis[J]. Customer Needs and Solutions, 2018, 5:3 −4.

[25] 古韦斯. 基于文本挖掘和潜在狄利克雷分配的科学管理热门话题提取与预测[D]. 哈尔滨工业大学, 2018.

[26] 吴敬桐, 李天宁. 一种基于潜在狄利克雷分配(LDA)模型的关键词推荐方法和系统:CN105677769B[P]. 2018 −01 −05.

索　引

B